# Macはじめよう

MacOS High Sierra対応版

Macビギナーズ研究会

# Macはじめよう
# 本書の使い方・読み方

まずは、本書の上手な使い方・読み方を紹介していきましょう。
本書では、直感的にMacの操作ができるような構成になっています。
操作手順に従っていくだけで、素早く・効率的にMacの操作がマスターできます。

### ページタイトル
各ページは目的別に構成されているので、やりたいこと・知りたいことを簡単に探せます。

### 左ページツメ
各Chapterのタイトルが入っています。

### ●印の囲み
操作手順の最初に●印が付いた囲みがある場合は、ここから読み始めてください。操作を行うにあたり、重要な事柄や条件などが書いてあります。

### 操作手順
操作の手順を番号付きで紹介しています。番号にしたがって操作をしていけば、素早く・簡単に操作の仕方がわかります。

## 本書の2種類の使い方

### その1 最初からすべてのページを順番に読んで完全マスター

本書は、基本的に見開き2〜6ページ程度で完結する各ページで構成されています。各ページを最初から順番に読み進んでいけば、無理なくスムーズに操作をマスターできます。

### その2 やりたいこと・知りたいことだけを読んで効率的にマスター

本書の各ページは目的別に構成されています。自分のやりたいことや知りたいことだけを探して読んでいけば、効率的に操作がマスターできます。

### 右ページツメ

各ページのテーマが入っています。

### コラム

本書には[ポイント]コラムが用意されています。
[ポイント]コラムでは以下のようなことを紹介しています。操作手順と併せてこれらのコラムを読むことで、より幅広い知識が身に付きます。

- 一歩進んだ使い方や役立つ情報など
- 操作のポイント・意味や間違いやすい点、関連知識など
- ショートカットや別の操作方法など
- 知っておきたい用語など
- 操作を間違えたときの対処方法など

003

# Macはじめよう
# Contents

### Chapter 1 Macの基礎知識とセットアップ

- 010　Mac各部の名称とその役割を覚えよう
- 012　Macをセットアップしよう
- 022　Apple IDとiCloudについて理解しよう
- 024　電源の入れ方・終了の仕方を覚えよう
- 026　トラックパッドの基本操作を覚えよう
- 030　より便利なトラックパッド操作をマスターしよう
- 032　マウスの基本操作を覚えよう
- 036　タッチバーの基本操作を覚えよう
- 038　Macのキーボードの特別なボタン

### Chapter 2 Macの基本操作をマスターしよう

- 042　Macのデスクトップ画面を見てみよう
- 044　MacのFinderウインドウを見てみよう
- 048　Finderのタブを切り替えて利用しよう
- 050　Finderの表示形式を切り替えよう

| | |
|---|---|
| 052 | 通知センターからお知らせを受け取ろう |
| 054 | サイドバーからよく使うフォルダを開いてみよう |
| 056 | ツールバーで操作を素早く行おう |
| 058 | メニューバーの基本操作を覚えよう |
| 060 | Dockってどうやって使うの？ |
| 064 | スタックでフォルダの内容を確認しよう |
| 066 | アプリケーションの起動と終了をしてみよう |
| 070 | フルスクリーンアプリケーションを便利に使いこなそう |
| 072 | ファイルを探してみよう |
| 076 | ファイルを開いてみよう |
| 078 | ファイルの保存方法を覚えよう |
| 080 | クイックルックでファイルを確認してみよう |
| 082 | 文字入力時の設定やキーボードを確認しよう |
| 084 | 文字の入力と編集をしてみよう |
| 090 | 文字の大きさや種類を変えてみよう |
| 092 | 音声で文字を入力してみよう |
| 094 | iCloudを活用してデータを連携しよう |
| 100 | 新規フォルダを作ってみよう |
| 104 | ファイルをタグで管理してみよう |
| 106 | ゴミ箱を使いこなそう |

## Chapter 3 インターネットを徹底活用しよう

| | |
|---|---|
| 110 | インターネットに接続する |
| 114 | SafariでWebページを見よう |

| 116 | 複数のWebページを閲覧してみよう |
| 118 | ブックマークを活用しよう |
| 124 | 履歴を活用しよう |
| 126 | Safariのツールバーを使いこなそう |
| 128 | Webサイトに簡単にアクセスする方法を覚えよう |
| 130 | ファイルをダウンロード、解凍・圧縮してみよう |
| 132 | メールの基本操作を覚えよう |
| 134 | メールを作成・送信しよう |
| 138 | メールを受信しよう |
| 140 | メールを返信・転送してみよう |
| 142 | メールにファイルを添付して送ってみよう |
| 144 | メールを整理整頓しよう |
| 148 | メールをより便利に活用しよう |
| 152 | Safariやメールでタッチバーを使おう |

## Chapter 4 Macをカスタマイズ&徹底活用しよう

| 156 | わからないことはSiriに聞いてみよう |
| 158 | 画面を一瞬で整理しよう |
| 162 | デスクトップを追加しよう |
| 164 | Dashboardでウィジェットを活用しよう |
| 166 | ホットコーナーを便利に使おう |
| 168 | Launchpadの一覧でアプリケーションを管理しよう |
| 170 | 壁紙やスクリーンセーバを自分好みにカスタマイズしよう |
| 172 | 画面を細かくカスタマイズしてみよう |

| | |
|---|---|
| 174 | スマートフォルダと最近使った項目を使いこなそう |
| 178 | トラックパッドやマウス、キーボードを使いやすくしよう |
| 182 | サウンドやディスプレイの設定を行おう |
| 184 | バッテリーを節約するためのテクニックを覚えよう |
| 186 | 複数のユーザでMacを使う |
| 190 | App Storeでソフトウェアを最新に保とう |
| 192 | セキュリティの設定をチェックしよう |
| 194 | AirDropでファイル交換してみよう |
| 196 | プリンタを使って印刷してみよう |
| 200 | ［ポイント］ペアレンタルコントロールで子ども向けに機能を制限する |

## Chapter 5 アプリケーションを使ってみよう

| | |
|---|---|
| 202 | App Storeでアプリを入手&アップデートしてみよう |
| 208 | カレンダーでスケジュールを管理しよう |
| 212 | メモやリマインダーをほかの端末と連携しよう |
| 214 | 連絡先でアドレスを管理しよう |
| 218 | プレビューで画像を閲覧・加工しよう |
| 220 | プレビューでPDFを閲覧しよう |
| 224 | 写真アプリで写真を整理しよう |
| 230 | iTunesで音楽を楽しもう |
| 235 | ［ポイント］iTunes Storeで音楽や映画を購入する |
| 236 | Macでムービーや映画を楽しもう |
| 240 | Pagesで文書を作成してみよう |

## Chapter 6 他のアップル製品と一緒に使ってみよう

246 iPhone・iPad・iPodに音楽を入れよう

248 iPhone・iPad・iPodとの間で写真をやりとりしよう

250 iPhone・iPad・iPodとの間でデータをやりとりしよう

254 iPhone・iPad・iPodのバックアップをとろう

256 iPhone・iPadとメッセージアプリで会話しよう

## Chapter 7 トラブル対策と解決方法

260 Time Machineでバックアップをとろう

264 Macのトラブルを解決しよう

266 Macが起動しない・・・そんな場合には

270 索引

# Chapter 1

# Macの基礎知識とセットアップ

| 010 | Mac各部の名称とその役割を覚えよう |
| 012 | Macをセットアップしよう |
| 022 | Apple IDとiCloudについて理解しよう |
| 024 | 電源の入れ方・終了の仕方を覚えよう |
| 026 | トラックパッドの基本操作を覚えよう |
| 030 | より便利なトラックパッド操作をマスターしよう |
| 032 | マウスの基本操作を覚えよう |
| 036 | タッチバーの基本操作を覚えよう |
| 038 | Macのキーボードの特別なボタン |

Chapter 1 Macの基礎知識とセットアップ

# Chapter 1

[Macの各部名称]

# Mac各部の名称と その役割を覚えよう

Macにはノートブックタイプの「MacBook」シリーズと、デスクトップタイプ「iMac」があります。ここではそれぞれの外観をチェックしていきましょう。

## ▼ ノートブックタイプ

ノートブック型のMacBook（マックブック）シリーズには、「MacBook Pro」「MacBook」「MacBook Air」の3種類があります。ここではMacBook Proを例に各部名称やポート（外部との情報の受け渡しを行うための出入口）を確認していきましょう。

- FaceTime HDカメラ
- Retinaディスプレイ
- フルサイズバックライトキーボード
- パワーボタン
- 感圧タッチトラックパッド

左側面
Thunderbolt 3 (USB-C) ポート
※MacBookモデルは1ポートのみ

右側面
ヘッドフォンポート
※Touch Barモデルはこちら側にもThunderbolt 3 (USB-C)ポートがある

### USB-C-USBアダプタ
（Apple Store／定価2,200円＋税）

USB-C-USBアダプタを使えば、USB-CまたはThunderbolt 3 (USB-C)ポートを搭載したMacに、標準的なUSBの周辺機器をつなぐことができます。

### Touch Barモデル
MacBook ProにはTouch IDセンサーが組み込まれたTouch Barモデルがあります。アプリによってBar表示が変化します。またパワーボタンや、ファンクションキーなどもTouch Bar部分に表示されます。

## ▼ デスクトップタイプ

デスクトップタイプのMacが「iMac（アイマック）」になります。iMacには「iMac」と「iMac Pro」の2モデルが用意されており、iMac Proには5K Retinaディスプレイが採用されています。

- FaceTime HDカメラ
- ディスプレイ
- 吸気口&ステレオスピーカー
- 電源プラグ
- パワーボタン
- ヘッドフォンポート
- SDXCカードスロット
- USB 3
- Thunderbolt 3 (USB-C)
- ギガビットEthernet

### ポイント　MacBook Airを知ろう

薄型ボディを最初に実現したのが、MacBook Airです。MacBookやMacBook Proにスペックはやや劣りますが、バリバリ映像処理を行うのでなければ十分に使用に耐えます。また、Airは他のMacBookとは異なり、ポートに「USB 3」「Thunderbolt 2」を採用しているので、周辺機器を購入する際には注意しましょう。

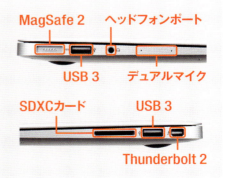

- MagSafe 2
- ヘッドフォンポート
- USB 3
- デュアルマイク
- SDXCカード
- USB 3
- Thunderbolt 2

Chapter 1　Macの基礎知識とセットアップ

## Chapter 1 ［セットアップ］
# Macをセットアップしよう

Macのセットアップでは、電源コードを接続するところから始まり、ソフトウェアの設定を行います。といってもそれほど難しいものではないので、落ち着いて行えば大丈夫です。

## ▼ Macを起動して設定を始める

### 1 電源コードをつなぐ

● Macに電源コードを挿し込み、反対側をコンセントに挿し込みます。

MacBookは側面のポートにしっかりと差し込みます

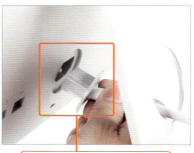

iMacはスタンドの穴に電源ケーブルを通し、電源プラグにしっかりと差し込みます

### 2 Macを起動する

● コードをつないだら、Macを起動してみましょう。

MacBookのパワーボタンです。Touch Barモデルは電源コードを挿すと起動します

iMacのパワーボタンは背面にあります

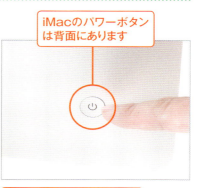

**ポイント**
**インターネット接続の準備を行っておこう**

セットアップ後にオンラインでユーザ登録が行われるので、インターネットプロバイダに契約している人は接続の準備をしておきましょう。AirMacを使用したり、ADSL、CATV、光ファイバ経由でインターネットに接続するユーザは添付の説明書を参照して設置を済ませてください。

iMacは付属マウスの電源も入れておきます。スイッチを上にスライドするとLEDが点灯します

iMacは付属キーボードの電源もいれておきます。サイドのボタンを押します

## 3 セットアップを開始する

● 起動したら、セットアップを開始します。オープニング画面が表示された後に右の画面が表示されます。Macを使用する国や地域の確認画面に切り替わります。

❶ 国を選択します

❷ [続ける] ボタンをクリックします

### ポイント 「VoiceOverクイックスタート」の説明を見る

画面に表示された項目の説明を音声で読みあげる「VoiceOver (ボイスオーバー)」機能を使えば、キーボードだけでMacを操作できます。[ようこそ]と表示された国や地域の選択画面で esc (エスケープ) キーを押すと、VoiceOverの使い方を紹介してくれる「VoiceOverクイックスタート」に切り替わります。
このクイックスタートでは、ボイスオーバー機能をオンにする操作方法から、キーボード上にある重要なキーの説明、矢印キーを使ったカーソルの動かし方などを説明してくれ、実際にその場で練習もできます。

キーボードだけで画面上のチェックボックスやラジオボタン、ポップアップメニューなどを操作できるのがボイスオーバーの特徴です。読み上げる音声の速度や音量、抑揚などもキーボードを使って調節できます。

## 4 キーボード入力環境を選択する

● 続いて[キーボード入力環境を選択]という画面が現れます。

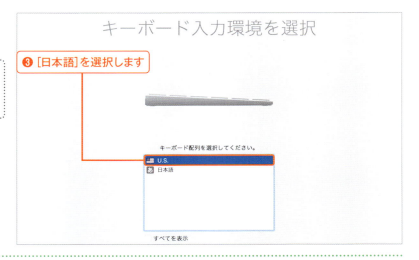

❸ [日本語]を選択します

## 5 入力方法を確認する

● [キーボードの操作に慣れていますか?]というメッセージが現れます。セットアップ時に入力する文字はさほど多くありませんので、[はい]を選びましょう。文字の入力方法は、P.082で紹介しています。なお[いいえ]を選ぶと、クリックで文字を入力できる小さな画面が表示されます。

❹ [はい]をクリックして、

❺ [ローマ字]入力か[カナ]入力のどちらかを選択して、

❻ [続ける]ボタンをクリックします

## ▼ インターネットに接続するための設定をする

### 1 Wi-Fiに接続する

● [Wi-Fiネットワークを選択]の画面が表示されます。無線でインターネットに接続したい場合は設定しましょう。Wi-Fiの一覧に希望のネットワークが表示されていないときは、いずれかのネットワークを選択した状態で、上下の矢印キーを押してみましょう。隠れているネットワークを表示できます。

❶ 使用するWi-Fi(無線LAN)ネットワークの名前を選択して、必要に応じてパスワードを入力し、

❷ [続ける]ボタンをクリックします

## 2 その他の方法で接続する

● Wi-Fi以外の方法でインターネットに接続したい場合は、手順1の画面で[その他のネットワークオプション]をクリックしましょう。[インターネットの接続方法]画面に切り替わるので、自分の環境に合った方法を選びます。

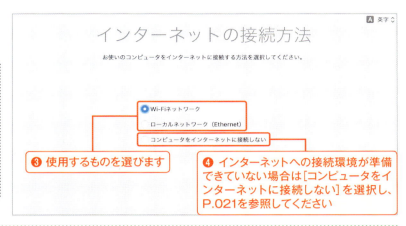

❸ 使用するものを選びます

❹ インターネットへの接続環境が準備できていない場合は[コンピュータをインターネットに接続しない]を選択し、P.021を参照してください

---

## 3 データを転送する

● [このMacに情報を転送]画面に切り替わります。

❺ 別のMacやWindows PCからデータを引き継ぐ必要がない場合は[今は情報を転送しない]を選んで、

❻ [続ける]ボタンをクリックします

---

### ポイント [このMacに情報を転送]画面でデータを移行する場合は？

Macを購入した際、それまで使っていたMac（Mac OS X v10.411以降）やWindows PC（Windows XP SP3以降）から、ミュージック、ピクチャ、デスクトップなどにある書類、メール、連絡先、カレンダーといったデータを移行できます。その際は、USB-CポートまたはLAN経由でデータを転送する方法や、以前のMacで使用していたTime Machineバックアップディスクからデータを取り込む方法があります。ちなみに、MacやWindows PCからデータを移行するには、相手側に「移行アシスタント」がインストールされている必要があります。

## ▼ アカウントを設定する

### 1 Apple IDでサインインする

● ［Apple IDでサインイン］という画面が表示されます。Apple IDを持っていない場合は、［Apple IDを新規作成］をクリックすると作成できます。また［サインインしない］を選択してセットアップを先に進め、後から設定してもかまいません。Apple IDについてはP.022で、取得についてはP.150で説明していますので、こちらも参考にしてください。

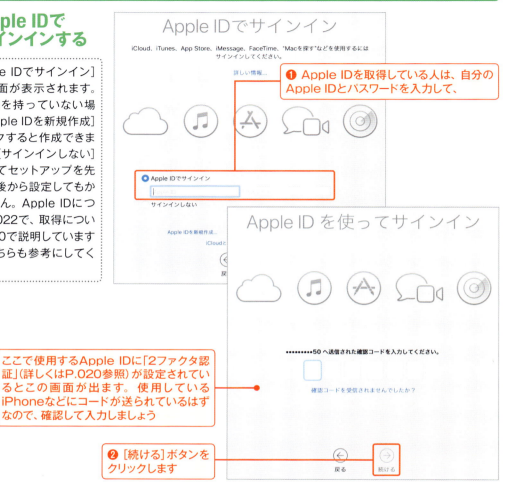

❶ Apple IDを取得している人は、自分のApple IDとパスワードを入力して、

ここで使用するApple IDに「2ファクタ認証」（詳しくはP.020参照）が設定されているとこの画面が出ます。使用しているiPhoneなどにコードが送られているはずなので、確認して入力しましょう

❷ ［続ける］ボタンをクリックします

### 2 利用規約に同意する

● ［利用規約］の画面に切り替わります。ここにはMac OS High Sierraなどを使用するための規約が書かれています。

❸ ひと通り目を通して［同意する］をクリックします

❹ 確認のメッセージが表示されるので［同意する］ボタンをクリックします

016

## 3 アカウントを作成する

● [コンピュータアカウントを作成]画面が表示されます。

**CHECK!**
パスワードは自分で決めてOK! 忘れないように注意しましょう

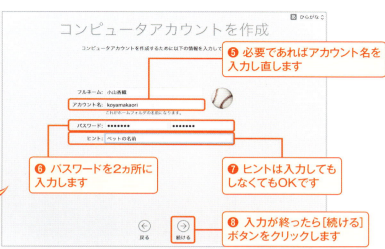

❺ 必要であればアカウント名を入力し直します

❻ パスワードを2ヵ所に入力します

❼ ヒントは入力してもしなくてもOKです

❽ 入力が終ったら[続ける]ボタンをクリックします

## 4 iCloudキーチェーンの利用を選択する

● iCloudキーチェーンのオン・オフが選択できます。図ではオンにしています。使用しない場合は、[後で設定]を選択してください（その後の設定はP.096参照）。

**ポイント**
**iCloudキーチェーンとは？**
パスワードやクレジットカード情報を保存して、承認したMacやiPhoneなどですばやく利用できる機能です。

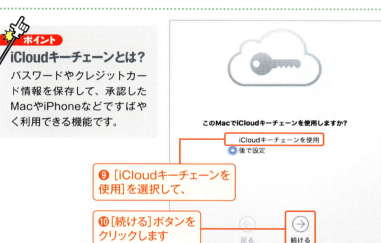

❾ [iCloudキーチェーンを使用]を選択して、

❿ [続ける]ボタンをクリックします

## 5 エクスプレス設定を行う

● Siri、位置情報、解析に関して初期の設定のまま使用するには[続ける]をクリック。それぞれ変更したい場合には[設定をカスタマイズ]を選択します。

⓫ [続ける]をクリック

⓬ 設定を変更するにはここをクリック

## ▼ [設定をカスタマイズ]をクリックした場合

### 1 位置情報サービスの利用を選択する

● 位置情報サービスのオン・オフが選択できます。図ではオフのままにしています。

**ポイント**
**位置情報サービスとは？**
現在地情報を利用した機能が活用できるサービスです。図の[位置情報サービスについて]をクリックすると詳しい説明が表示されます。この機能のオン・オフは、後から切り替えも可能です。

❶ オフの場合はチェックを外したままにして、

❷ [続ける]ボタンをクリックします

### 2 解析の設定をする

● 「解析」画面が表示され、匿名で診断情報や使用状況をアップルに送信するかどうか指定できます。

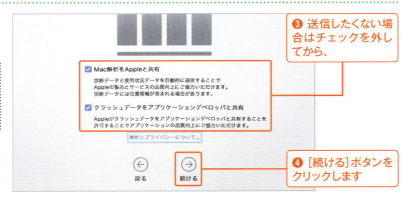

❸ 送信したくない場合はチェックを外してから、

❹ [続ける]ボタンをクリックします

### 3 Siriを有効にする

● Siriのオン・オフを設定できます。図では使用する設定を行いました。オフにしたいときはチェックを外しましょう。Siriの使い方はP.156で紹介しています。

**ポイント**
**Siriとは？**
Siriを使うと、Macを音声で操作できます。iPhoneやiPadでも利用できるので、そちらで馴染みのある人も多いのではないでしょうか。友だちに話しかけるような声かけで、Macがさまざまな操作を助けてくれます。

❺ Siriを使うには["Siriに頼む"を有効にする]にチェックを付けて、

❻ [続ける]ボタンをクリックします

## 4 iCloudへのファイルの保存を設定

● [書類]フォルダとデスクトップのファイルを「iCloud Drive」に保存するか設定します。「iCloud Drive」とはインターネット上の自分専用のフォルダです。今回は外した状態で進めます。設定はあとから変更できます(P.098)

### ポイント
**iCloud Driveのアップデート**

iCloud Driveのアップデート画面が表示された場合は、ひとまず「今はしない」にチェックを入れます。設定は後から変更できます。

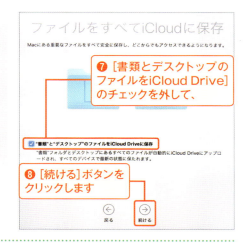

❼ [書類とデスクトップのファイルをiCloud Drive]のチェックを外して、

❽ [続ける]ボタンをクリックします

## 5 FileVaultでディスクを暗号化する

● FileVaultを使ってMacのディスクを暗号化するかどうか設定します。

### ポイント
**FileVaultとは?**

FileVaultはセキュリティのためMacのストレージドライブ内を暗号化する技術ですが、アプリケーションによってはFileVaultがオンだと不具合が発生する場合があります。あとからでも有効にできるので、使用するソフトがFileVaultに対応しているか確認しておきましょう。

❾ ここではチェックを2つとも外して暗号化を無効にして、

❿ [続ける]ボタンをクリックします

⓫ Touch IDが搭載されているMacの場合はこの後に設定画面が表示されます

## 6 セットアップ完了

● これでセットアップは完了です。[Macを設定中]という画面を経て、デスクトップ画面が表示されます。

## ポイント 2ファクタ認証ってなに？

Apple IDとパスワードだけでMacを管理している場合、もしこれらの情報が漏洩してしまった時、個人的な情報が流出してしまう可能性があります。これを防ぐためのセキュリティシステムが「2ファクタ認証」です。

例えば、今回のように新たにMacを利用しようとした場合、Apple IDの入力が促されます。Apple IDを入力すると、同時に2ファクタ認証が設定されているiPhoneなどの他の端末に確認コードが届きます。そのコードをMacに入力することで本人であることが証明され、Macが利用できるといったものです。つまり、Apple IDの認証を二重化することで、たとえパスワードが他人に漏れても、本人以外はアカウントにアクセスできないようにする認証方式のことなのです。

❶ 2ファクタ認証の設定は「システム環境設定」の「iCloud」で行います。ここをクリック

❷ 利用には電話番号が必要です。携帯でも固定電話でも構いません

❸ 確認コードが届きます。前の画面で音声通話を選んだ場合は電話がかかってきます。このコードをMacに入力します

## ポイント セットアップが済んだら「ソフトウェア・アップデート」を実行

Macのセットアップが済んだら「App Store」を開いて[アップデート]を行い、macOS High Sierraや付属のソフトウェアを最新版に更新しておきましょう。その際はインターネットに接続されている必要があります。

手順は、左上のアップルメニューから[App Store]を選ぶか❶、Dockで[App Store]をクリックします。App Storeの画面が開いたら[アップデート]をクリックします❷。ソフトウェア・アップデート項目が表示された場合は❸、[アップデート]もしくは[すべてをアップデート]をクリックします❹。このソフトウェア・アップデートは、単なる機能追加のバージョンアップだけでなく、システムや標準ソフトの不具合を解消したり、セキュリティ上の脆弱性を改善したりできるので、必ず定期的に行いましょう。

❶ ここを選択します

❷ クリックします
❸ ソフトウェア・アップデートです
❹ いずれかをクリックします

## ▼ インターネットへの接続を行わなかった場合

### 1 データを転送する

● P.015の手順2で[コンピュータをインターネットに接続しない]を選択した場合は[このMacに情報を転送]画面に移ります。

❶ 別のMacやWindows PCからデータを引き継がない場合は[今は情報を転送しない]を選択して、

❷ [続ける]ボタンをクリックします

### 2 利用規約に同意する

● [利用規約]の画面に切り替わります。ここにはmacOS High Sierraを使用するための規約が書かれています。

❸ 目を通したら[同意する]をクリックします

❹ 確認のメッセージが表示されるので[同意する]ボタンをクリックします

### 3 アカウントを作成する

● 次に[コンピュータアカウントを作成]画面に切り替わります。

**ポイント**
**以降の手順は?**
アカウント作成以降の手順は、P.019の手順4の[FileVaultでディスクを暗号化する]と同じです。

❺ [アカウント名][パスワード]などを入力します

❻ 入力が終ったら[続ける]ボタンをクリックします

Chapter 1 Macの基礎知識とセットアップ

## Chapter 1 [Apple IDとiCloud]
# Apple IDとiCloudについて理解しよう

Macを使う上で目にすることの多い「Apple ID」と「iCloud」について、その仕組みを説明します。基本を理解することで、より便利に活用できます。ぜひチェックしておきましょう。

### ▼ Apple IDでいろいろなサービスをまとめて使える

Apple IDは、アップルの提供するさまざまなサービスを利用するためのユーザーIDです。Apple IDで利用できる主なサービスには、App Storeでのアプリの入手、iTunes Storeでの音楽のダウンロード、iCloudでのデータの保管などがあります。Mac以外にもiPhoneやiPadで同じApple IDを使用すると、どの端末からも同じ情報にアクセスできる点も大変便利です。

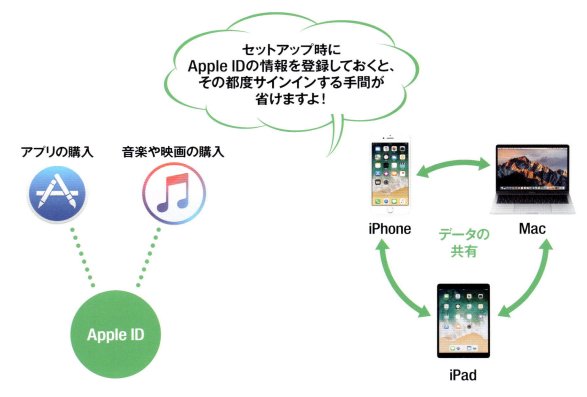

Apple IDを持っていると、さまざまなサービスを利用できます。

Mac以外の端末でも同じApple IDを利用できます。共有した端末同士で、入手したアプリや音楽データ、iCloudに保存したデータや予定などを共有可能です。

## ▼ Apple IDの作り方と使えるメールアドレス

Apple IDは、P.016のセットアップ時に加え、iTunesの画面やiCloudの設定画面などからも無料で作成できます。本誌ではiCloudの設定画面を使った作成方法をP.094で紹介しています。
Apple IDは、メールアドレスを登録し、Apple IDとして利用する仕組みです。メールの送受信ができれば、プロバイダ（インターネットの接続に利用しているサービス）のものや無料のメールアドレスなど、すでに持っているアドレスを使ってもかまいません。また、iCloudの画面では、Apple IDと同時にアップルの提供する無料メールアドレスを取得することもできます。

**プロバイダのメールアドレス**
**Gmailなどの無料メールアドレス**

使いたいメールアドレスをApple IDに登録すればOK

**@iCloud.comのメールアドレス**

iCloudの利用時にApple IDと無料メールアドレスを同時に作成すると、Apple IDとして使用可能な「iCloud.com」のメールアドレスを無料で取得できる

## ▼ データの保管と共有に便利なiCloud

Apple IDで利用できるサービスの1つ「iCloud」を使うと、アプリのデータの保存やバックアップができます。このサービスを利用すれば機種変更などをした場合にデータを以前の状態に復元することができます。さらにiCloudサービスの1つである「iCloud Drive」を使えばテキストエディットやプレビュー、Pagesなどのデータを、インターネット上のスペースに保管できます。保管したデータには、同じApple IDでサインインした別の端末からもアクセスできます。詳しい使い方はP.094で紹介しています。

**iCloud / iCloud Drive**

さまざまなデータをインターネット上の自分専用スペースに保管できます。

**写真データ**

**連絡帳データ**

**メールデータ**

**書類データ**

**Mac**

Macにトラブルが起こった場合でも、iCloud内のデータは影響受けないので無事です。

**iPhone**

同じApple IDでサインインすれば、他の端末からもデータにアクセスでき、情報の共有が簡単です。

# ［電源］
# 電源の入れ方・終了の仕方を覚えよう

ここではあらためて、Macの電源をオン・オフする方法を紹介しましょう。Macには電源を入れるためのボタンはありますが、電源を切るにはMacのメニューを使用します。

## ▼ Macの電源を入れる

### 1 電源を入れる

● Macの電源を入れるにはMacのパワーボタンを押します（P.012参照）。「ジャーン」という音がした後に画面が変化し、ログイン画面が表示されます。

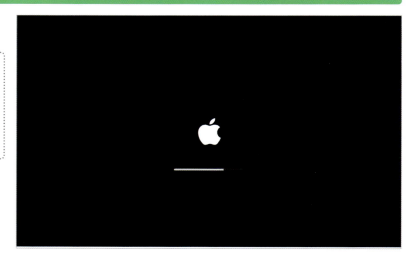

### 2 ユーザを選んでログインする

❶ ログイン画面が表示されたら、パスワードを入力して、[return]キーを押すか、[→]ボタンをクリックします

**ポイント**
**起動する**
Macの電源を入れて使える状態にすることを「起動する」と言います。

## ▼ Macの電源を切る／スリープする

### 1 電源を切る

**ポイント**
**パワーボタンの長押しで終了**

Macの起動中にパワーボタンを押すと、スリープに切り替わります。システム終了用の画面を表示したい場合は、パワーボタンを長押しします。

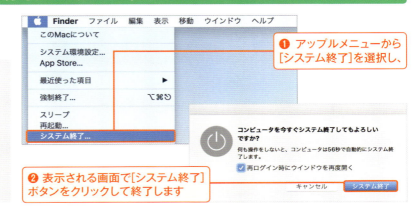

❶ アップルメニューから[システム終了]を選択し、

❷ 表示される画面で[システム終了]ボタンをクリックして終了します

### 2 スリープする

**ポイント**
**スリープとは**

「スリープ」とはMacを待機状態にしておくことです。スリープ中は少量の電流が流れ、使用中のMacの状態を保持できます。電源を切った状態から起動するよりも短い時間でMacを利用開始できます。

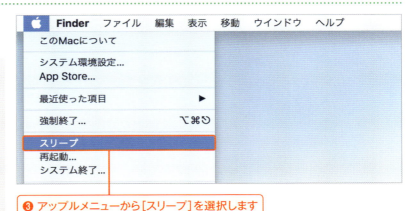

❸ アップルメニューから[スリープ]を選択します

---

**ポイント** **消費電力を節約するスタンバイモード**

現在発売されているほとんどのMacには、スタンバイ機能が備わっています。スタンバイモードになると、その時点で開いているアプリケーションやファイル、ウインドウが自動的にハードドライブに保存され、一部のハードウェアシステムの電源も切れるので、消費電力が少なくて済みます。
機種により異なりますが、スリープモードが1〜3時間続くとスタンバイモードに切り替わる仕組みです。スタンバイモードに切り替わるための条件は、以下の通りです。
なおスタンバイモードは、いずれかのキーを押す、トラックパッドやマウスをクリックする、ノートブックの蓋を開けるなどすると解除され、スタンバイ前の状態に復帰します。

●**ノートブックのMacがスタンバイモードに切り替わる条件**
バッテリーで駆動中／SDカードが挿入されていない／Ethernet、USB、Thunderbolt、ディスプレイ、Bluetooth、その他の外付けデバイスが接続されていない

●**デスクトップのMacがスタンバイモードに切り替わる条件**
SDカードが挿入されていない／外付けメディア(USB、Thunderbolt ストレージデバイスなど) が接続されていない

Chapter 1 Macの基礎知識とセットアップ

Chapter 1

[トラックパッドの基本]
# トラックパッドの基本操作を覚えよう

MacBookシリーズにはマウスは付いていません。マウスの代わりをするのが「トラックパッド」です。まずはトラックパッド操作の基本操作を覚えましょう。

## ▼ トラックパッドはこう使う!

MacBookのトラックパッドは一枚のなめらかなガラス板でできています。以前のMacBookや、他社製のノートブックPCにあるようなクリックボタンもありません。

まずはトラックパッドに手を置いてみてください。トラックパッド操作の基本は、人差し指と親指で行うので、下の写真のように人差し指がパッドの中央付近にかかるようにして置きます。

手を置いたら、まずは人差し指を前後左右に動かして、ディスプレイ上のポインタを動かしてみましょう。

パッドを指でこすると画面上のポインタが移動します

## ▼ トラックパッドを押し下げる「クリック」

ポインタの操作が行えたら、今度は親指を使ってトラックパッド自体を押してみてください。「カチッ」と音がします。この操作を「クリック」と呼びます。MacBookを使う際には頻繁に使う操作です。

以前のMacBookや、他のノートPCの場合は、独立したボタンが用意されていましたが、最新のMacBookではトラックパッド全体がボタンの役割をしています。どこを押してもかまいませんが、親指で押しやすい位置を押すのが操作しやすく合理的です。

### ポイント どんな時にクリックする？

MacBookの操作の中でクリックで行うものをいくつかピックアップしてみました。このほかにも、インターネットでリンクを開く時、受け取ったメールを開く時など、アプリケーションを使う際にもクリックを使用します。

**●メニューの選択**
メニュー項目を選択する時はクリックで行います。

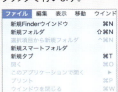

**●ボタンを押す**
確認用のダイアログなどでボタンを押すときもクリックします。

**●ファイル・フォルダの選択**
ファイルやフォルダの選択もクリックで行います。

**●Dockの選択**
アプリケーションの起動や切り替えなどで使用するDockでもクリックで選択します。

## ▼ クリック2回で「ダブルクリック」

「ダブルクリック」とはクリックを素早く連続して2回行うことを言います。指を置いた位置を動かさないで行わなければならないため、慣れるまでやや時間がかかるかもしれません。しかし、ファイルやフォルダを開く際に使うほか、アプリケーションのアイコンをダブルクリックして起動する際にも使うなど、非常に重要な操作です。

### ●ファイルやフォルダを開く

フォルダをダブルクリックすると開きます。またファイルを開いたり、アプリケーションを起動する際にもダブルクリックします。

## ▼ 押したまま動かして「ドラッグ」

「ドラッグ」とはクリックし続けたまま人差し指を移動する操作のことです。動かしている間、トラックパッドのどこかを押し続けなければならないので、初めての人は慣れが必要かもしれません。

●**複数のファイルや　フォルダを選択する**

複数のフォルダを囲むようにドラッグすると、クリックした位置を始点、クリックしていた指を離したところを終点として色の付いた範囲が現れ、その範囲に含まれるフォルダすべてが選択状態になります。

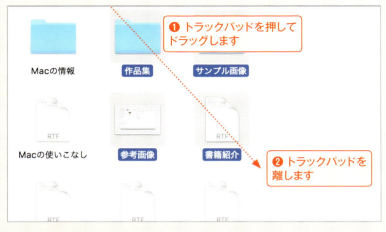

●**ファイルやフォルダを　移動する**

ファイルやフォルダにポインタを置いてドラッグすると、クリックしたところからクリックしていた指を離したところまで、場所を移動できます。この操作を「ドラッグ&ドロップ」と呼びます。

## ▼ 押し続けて「プレス」

クリックしたままトラックパッドを押し続けていることを「プレス」と言います。押すのをやめたところで「プレス」操作は終了です。この操作はウインドウのスクロールを行う場合などに使います。

●**スクロールバーを操作する**

スクロール可能なウインドウを表示している時、スクロール時だけスクロールバーが表示されるので、それをプレスしてスクロールすることができます。

Chapter 1 Macの基礎知識とセットアップ

[トラックパッドの応用]

# Chapter 1 より便利なトラックパッド操作をマスターしよう

トラックパッドではクリックやドラッグのほかに、複数の指を使った操作が可能です。ウインドウ内のスクロールや、画像の拡大・縮小表示、回転などがトラックパッドから行えます。

## ▼ 2本指でこするとスクロール

MacBookのトラックパッドではさまざまな操作ができます。例えば、指2本でトラックパッドをこすることで、ウインドウ内を上下や左右にスクロールできます。この機能は「トラックパッドスクロール」と呼ばれ、インターネットのホームページなど、広いページを見る時に使うと便利です。

2本指でこする

トラックパッドスクロールを行うと、上下左右に続くページをスクロールさせることができます。

## ▼ 拡大・縮小・回転も2本指で

トラックパッド上で指先をつまんだり、押し開いたりすることで、ディスプレイに表示された写真の拡大や縮小を行うことができます。この動作を「ピンチ」と呼びます。親指と人差し指を使って操作するとよいでしょう。また、2本の指を回転させることで、ディスプレイの写真を回転させることもできます。

指を広げたりつぼめたり

「ピンチ」は写真を見ている時などに利用します。写真の拡大・縮小ができます。

2本指の回転に合わせて、写真自体も回転します

## ▼ 操作をグッと楽にする「スワイプ」

「スワイプ」とは、2本または3本の指でトラックパッドをこする動作のことで、さまざまな操作が割り当てられています。初めはややこしく感じるかもしれませんが、習得してしまえば非常に便利な機能です。MacBookを操るには、このスワイプが不可欠となります。ぜひマスターしましょう。

ページを左右にスクロールできます。Safariでホームページを見ているとき、前後のページに切り替えたい場合に利用します。

画面全体が左右にスクロールします。フルスクリーンアプリケーション（P.070）間を移動したいときに利用します。

Mission Controlの画面に切り替わります。起動中のアプリケーションや、そこで開いている書類などが一目で見渡せて、切り替えることができます。

# Chapter 1 [マウス] マウスの基本操作を覚えよう

iMacには標準で「Magic Mouse 2」(マジック・マウス・ツー)というマウスが付属しています。まずは「Magic Mouse」の操作の基本を覚えましょう。

## ▼ マウスはこう使う!

「Magic Mouse」を机の上で動かすと、iMacの画面上に表示されている矢印(ポインタ)が連動して動きます。Magic Mouseにはコードがないので上下がわかりにくいかもしれませんが、表面のアップルマークが正しく見える向きで持ちましょう。親指と薬指、小指でマウスを軽く挟み込み、人差し指と中指をマウスの表面に添えます。

マウスを動かしてもポインタが動かない場合は、マウスの電源スイッチが入っているか確認しましょう。このマウスは一見したところ、ボタン類がなく非常にシンプルな形状ですが、マウスに手を置いて左半分を指でクリックすると通常のクリック、右半分を指でクリックすると右クリックとして機能します。

人差し指と中指をこのように置きます。

## ▼ マウスの基本は「クリック」

マウスを動かさないようにして表面を指で押し込むと、「カチッ」と音がします。この操作を「クリック」と言います。マウスの左半分をクリックすることを「左クリック」といい、単にクリックと書いた時は、この「左クリック」を指します。

カチッ!

### ポイント どんな時にクリックする？

iMacの操作の中でクリックで行うものをいくつかピックアップしてみました。このほかにも、インターネットでリンクを開く時、受け取ったメールを開く時など、アプリケーションを使う際にもクリックを使用します。

#### ●メニューの選択
メニュー項目を選択する時はクリックで行います。

#### ●ファイル・フォルダの選択
ファイルやフォルダの選択もクリックで行います。

#### ●ボタンを押す
確認用のダイアログなどでボタンを押すときもクリックで行います。

#### ●Dockの選択
アプリケーションの起動や切り替えなどで使用するDockでもクリックで選択します。

## クリック2回で「ダブルクリック」

マウスの場合は、左クリックを素早く連続して行うと、「ダブルクリック」という操作になります。ダブルクリックは、アプリケーションの起動やファイル/フォルダを開く時に使います。

#### ●ファイルやフォルダを開く
フォルダをダブルクリックすると開きます。またファイルを開いたり、アプリケーションを起動する際にもダブルクリックします。

## ▼ 押したまま動かして「ドラッグ」

マウスを左クリックしたまま人指し指を離さずに動かすと「ドラッグ」になります。動かしている間はマウスを押し続けないといけないので、初めての人には慣れが必要かもしれません。

● 複数のファイルや
　フォルダを選択する

複数のフォルダを囲むようにドラッグすると、ボタンを押し下げた位置を始点、上げたところを終点として色の付いた範囲が現れ、その範囲に含まれるフォルダすべてが選択状態になります。

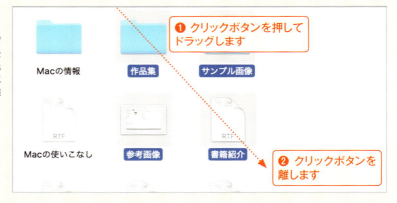

● ファイルやフォルダを
　移動する

ファイルやフォルダにポインタを置いてドラッグすると、ボタンを押し下げたところから上げたところまで、場所を移動できます。この操作を「ドラッグ&ドロップ」と呼びます。

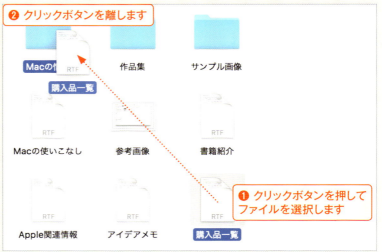

## ▼ 押し続けて「プレス」

クリックボタンを固定したまま、押し続けていることを「プレス」と言います。押すのをやめたところで「プレス」操作は終了です。この操作はウインドウのスクロールを行う場合などに使います。

●スクロールバーを操作する
スクロール可能なウインドウを表示している時、スクロール時だけスクロールバーが表示されるので、それをプレスしてスクロールすることができます。

## ▼ 指でこするとスクロール

マウスの表面を1本指で上下左右になぞると、ウインドウ内をスクロールできます。「Safari」でWebサイトを閲覧したり、プレビューで大きな写真を閲覧したり、何ページもあるような書類を読んだりする場合に便利です。

●画面をスクロールする
スクロールを行うと、上下左右に表示されるWebページをスクロールすることができます。

## ▼ 操作をグッと楽にする「スワイプ」

「スワイプ」とは、2本の指でマウスの表面を左右にこする動作のことです。スワイプには、さまざまな操作が割り当てられています。マルチタッチジェスチャの中心となる操作です。ぜひマスターしましょう。

画面全体が左右にスクロールします。フルスクリーンアプリケーション（P.072）間を移動したいときに利用します。

# Chapter 1 [Touch Bar] タッチバーの基本操作を覚えよう

MacBook Proには、Touch Barが搭載されている機種があります。ここではそのTouch Barの基本を覚えましょう。Touch Bar以外のモデルの方は読み飛ばしてください。

## ▼ Touch Barの基本を知ろう

### 1 状況に応じて自動で変化

● Touch Barに表示される内容は一定ではありません。利用しているアプリや機能によって自動的に変化します。

この部分がTouch Barです

操作の状況によって表示される内容が変化します

Safari起動中のTouch Bar

写真起動中のTouch Bar

### 2 タッチ操作できる

● Touch Barは、スマホなどのようにタッチ操作で利用できます。タップとスライドでほとんどの操作が可能です。

ボタンなどは指でタップ（画面に軽く触れる）します

表示内容を左右に動かしたいときは、指でスライド（画面上で指を左右に動かす）します

長押し（対象に触れ続ける）することで、選択肢が表示される機能もあります

## ◘ システムコントロールボタンとファンクションキー

● Touch Barがある場合、通常のキーボードに表示されているシステムコントロールボタンとファンクションキーがありません。この2つはTouch Barに表示して利用できます。

デスクトップの背景を選択した状態のTouch Bar

Control Stripと呼ばれる部分には、音量調節やSiriなどよく使われるボタンが表示あり、使用アプリが変わっても変化しません

通常のキーボードにある[esc]キーもTouch Barに表示されます

システムコントロールボタンを表示するにはここをタップします

Control Stripが広がり、通常のキーボードと同様に多くのシステムコントロールボタンが表示されます

ここをクリックするとControl Stripが縮小表示に戻ります

キーボード上にある[fn]キーを押している間は

Touch Barにファンクションキーが表示され、タップして利用できます

## ◘ FinderをTouch Barで操作する

● Finderを使って、Touch Barでの操作の流れを見てみましょう。

### ポイント
**指紋認証機能も搭載**

TouchBarの右端にある「Touch ID」を使うと、MacへのログインやApp Store、iTunes Store、Apple Payなどの認証を指紋で行えます。Touch IDの設定は、初回起動時のセットアップ画面、または[システム環境設定]で[Touch ID]をクリックして行います。画面の指示に従って指紋を登録すればOKです。

❶ クリックしてFinderウインドウを選択します

❷ Touch Barで表示変更用のボタンをタップして、

❸ ほかの表示方法をタップすると、

❹ Finderウィンドウの表示が変わります

❺ ファイルの並び順をタップして選べます(スライドすると他の候補も見られます)

# Chapter 1 Macの基礎知識とセットアップ

## Chapter 1 ［ファンクションキー］
# Macのキーボードの特別なボタン

ここではMacのキーボードを見ていきましょう。キーの種類や役割にはさまざまなものがあるので、確認しておくとよいでしょう。

### ▼ 各キーの機能を覚えておこう

キーボードは基本的に文字や数字を入力する際に使いますが、キーによっては何からの役割を持っています。例えば esc キーは何かをキャンセルする時に使い、 return キーは何かを決定する時に使います。ほかにも役割を持ったキーがあるので、ここで紹介しましょう。

新型のMacBook Pro Touch Barモデルでは、❶ ⓯ ⓰の部分がタッチバーディスプレイになっています

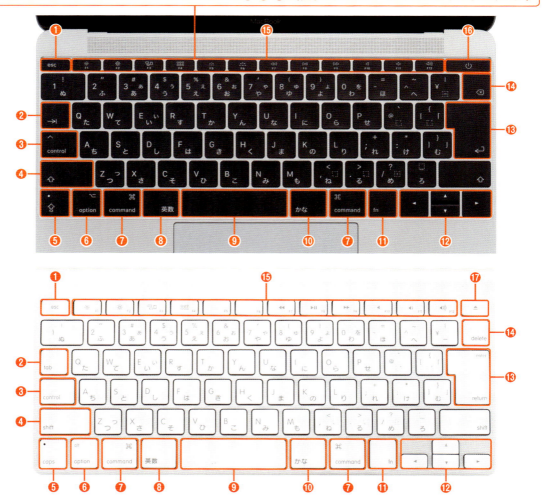

### ❶ esc（エスケープ）キー

esc キーは、行っている操作やアプリケーションなどによって役割が変わりますが、基本的にはそれまでの操作をキャンセルしたい時に使います。たとえば、日本語の文字入力をしている時にこのキーを押すと、文字を入力したばかりのかなの状態であればそのかな文字が消えます。また、かなを漢字変換して確定していなければ、もとのかな文字に戻ります。他のキーと組み合わせて使うこともあります。

### ❷ tab →（タブ）キー

tab キーは指定された次の場所にカーソルを移動する機能を持っています。ワープロソフトではタブが設定された位置に、表計算ソフトでは次のセルに、入力ボックスが複数あるような画面では次の入力ボックスにカーソルが移動します。

### ❸ control（コントロール）キー

主に他のキーと組み合わせて、ショートカット操作を実行します。また、このキーを押しながらファイルやフォルダ、ウインドウ、デスクトップなどをクリックすると「コンテクストメニュー」というメニューが現れます。

### ❹ shift（シフト）キー

英字入力の際に、このキーを押しながら英字のキーを押すと大文字が入力できます。また、キーの上段に書かれている記号などを入力する際は、このキーを押しながら行います。さらに、他のキーと組み合わせて、ショートカット操作を実行します。

### ❺ caps（キャップスロック）キー

英字入力の際に、このキーをオンにしておくと大文字が入力できます。このキーは他のキーと違い、一度押すと有効の状態になり（緑のランプが付きます）、もう一度押すと解除されます。

### ❻ option（オプション）キー

特殊な文字や記号を入力する時や変換を行う時に使います。また、他のキーと組み合せてショートカット操作を実行します。

### ❼ ⌘（コマンド）キー

このキーは「command（コマンド）キー」と言います。他のキーと組み合せて、ショートカット操作を実行します。本書では ⌘ キーと表記します。

### ❽ 英数 キー

ことえりを使っている場合、このキーを押すと「英字」モードに切り替えられます。もとの「ひらがな」モードに戻すには、かな キーを押します。

### ❾ ◻（スペース）キー

キーには何も書かれていませんが、このキーを「スペースキー」もしくは「スペースバー」と言います。かな漢字変換をする時や空白（スペース）を入れる時に使います。

### ❿ かな キー

日本語入力を使っている場合、このキーを押すと「ひらがな」モードになります。shift キーを押しながらこのキーを押すと「カタカナ」モードになります。

### ⓫ fn キー

このキーを押しながらファンクションキーを押すと、F1 〜 F12 キーとして動作します。

### ⓬ ↑ ↓ ← →（矢印）キー

カーソルの位置などを上下左右に動かすことができます。なお、fn キーを押しながら、各矢印キーを押すと、home キー、pageup キー、pagedown キー、end キーとして利用できます。

### ⓭ return（リターン）キー

変換した文字を確定する時や改行を入れたい時に使います。また、確認を求めるダイアログなどが表示された時、このキーを押すと色が付いたボタンをクリックしたのと同じことになります。

### ⓮ delete（デリート）キー

文字を削除する時に使います。このキーを押すとカーソルの一つ前の文字が消えます。また、文章を選択して、このキーを押すと選択した文章がすべて消えます。さらに、グラフィックソフトなどでも、選択したものをこのキーを押すことで消すことができます。

### ⓯ F1 〜 F12（ファンクション）キー

本来はさまざまな機能を割り当てることができるキーですが、あらかじめ特定の機能が割り振られています。詳しくは次ページで説明しています。

### ⓰ パワーボタン

MacBookを起動したりスリープする時に押します。

### ⓱ メディア・イジェクト・キー

Apple USB SuperDriveからディスクを取り出す際に押し続けます。

## ディスプレイの明るさや音量などをコントロール

キーボード最上段にある F1 F2 F3 ……などのファンクションキーには、マークが記されたものがあります。それらのボタンには、Macを操作する際によく使われる機能のいくつかが割り振られています。いずれもMacの画面内で設定できる項目ばかりですが、これらのボタンを使えばワンタッチでさまざまな機能が利用できます。ソフトウェアによっては、F1 ～ F12 のそれぞれのキーに独自の機能を割り当てているものもあります。そのような場合はキーボードのfnキーを押しながら利用してください。

### 輝度キー（F1 F2）

ディスプレイの明るさを下げたり上げたりします。F1が「下げる」、F2が「上げる」になります。

### Mission Controlキー（F3）

ワンタッチで画面上のウインドウを整理して表示する「Mission Control（ミッションコントロール）」を行います。Mission ControlについてはP.158ページで詳しく取り上げています。

### Launchpadキー（F4）

画面上に「Launchpad（ローンチパッド）」を表示します。

### キーボード照度キー（F5 F6）

MacBookのキーボードライトの明るさを下げたり（F5）、上げたり（F6）します。

### メディアキー（F7 F8 F9）

再生中の曲やムービーの早戻し（F7）、再生／一時停止（F8）、早送り（F9）が行えます。iTunesやQuickTimeなどのアプリケーションに対応しています。

### 消音キー（F10）

Macから出ている音を消します。電話がかかってきた時など、とっさに音を消したい場合に便利です。

### 音量キー（F11 F12）

Macから出ている音を下げたり（F11）、上げたり（F12）します。

# Chapter 2
# Macの基本操作をマスターしよう

042　Macのデスクトップ画面を見てみよう
044　MacのFinderウインドウを見てみよう
048　Finderのタブを切り替えて利用しよう
050　Finderの表示形式を切り替えよう
052　通知センターからお知らせを受け取ろう
054　サイドバーからよく使うフォルダを開いてみよう
056　ツールバーで操作を素早く行おう
058　メニューバーの基本操作を覚えよう
060　Dockってどうやって使うの？
064　スタックでフォルダの内容を確認しよう
066　アプリケーションの起動と終了をしてみよう
070　フルスクリーンアプリケーションを便利に使いこなそう
072　ファイルを探してみよう
076　ファイルを開いてみよう
078　ファイルの保存方法を覚えよう
080　クイックルックでファイルを確認してみよう
082　文字入力時の設定やキーボードを確認しよう
084　文字の入力と編集をしてみよう
090　文字の大きさや種類を変えてみよう
092　音声で文字を入力してみよう
094　iCloudを活用してデータを連携しよう
100　新規フォルダを作ってみよう
104　ファイルをタグで管理してみよう
106　ゴミ箱を使いこなそう

## Chapter 2 Macの基本操作をマスター！

# Chapter 2 ［デスクトップ］ Macのデスクトップ画面を見てみよう

ここではMacの基本的な画面を見ていくことにしましょう。画面上にはどんなものがあるのか、それぞれがどういう意味を持っているのかを簡単に解説します。

## ▼ Macのデスクトップ画面を確認する

下の図はMacのOSであるmacOS High Sierraの基本的なデスクトップ画面です。画面下のさまざまなアイコンがまず目に入ってきます。さらに画面最上部にはリンゴのマークや［Finder（ファインダ）］［ファイル］［編集］といった文字が並ぶ細いメニューバーがあり、ここをクリックすると文字の並んだ四角いメニューが引き出しを開けるように表示されます。まずこれらの役割を見ていきましょう。

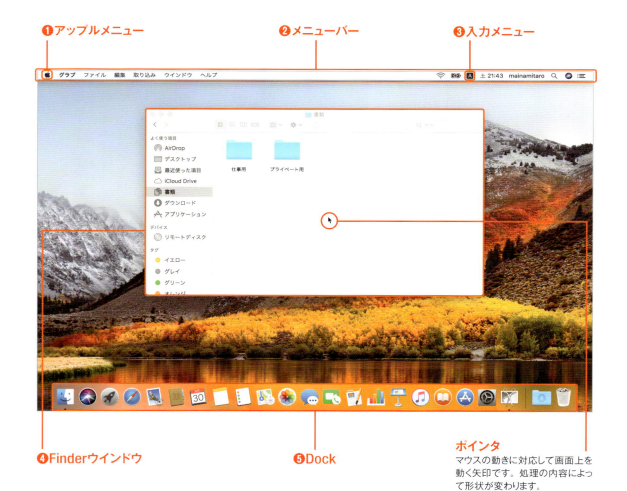

❶アップルメニュー　❷メニューバー　❸入力メニュー
❹Finderウインドウ　❺Dock

**ポインタ**
マウスの動きに対応して画面上を動く矢印です。処理の内容によって形状が変わります。

042

## ▼ メニューの役割をチェックする

### ❶ アップルメニュー

アップルメニューは、Macのさまざまな設定を行う「システム環境設定」を呼び出せるほか、再起動やシステム終了といった操作が行えます。

ここをクリックして表示します

### ❷ メニューバー

アップルメニューの右隣には、使用中のアプリケーション（ここでは[Finder]）のメニューが表示されます。[新規フォルダ][開く]といったさまざまな操作が行えます。メニュー内容は使っているアプリケーションによって変わります。

使用中のアプリケーション名です

### ❸ 入力メニュー

入力する文字の種類を選択します。日本語入力プログラムの設定、単語の登録などを行うための項目があったりと、文字関連の項目が集められています。

ここをクリックして表示します

### ❹ Finderウインドウ

Dockにある[Finder]のアイコンをクリックしたり、Finderの[ファイル]メニューにある[新規Finderウインドウ]を選択すると現れます。ファイルを見つけたり、移動、コピーなどを行います。

### ❺ Dock

初期設定では画面の下に配置されているのがDock（ドック）です。アプリケーションの起動や切り替え、Finderウインドウの縮小などができます。不要なファイルを捨てる「ゴミ箱」も収められています。

Chapter 2 Macの基本操作をマスター！

## Chapter 2 ［Finderウインドウ］
# MacのFinderウインドウを見てみよう

MacのアプリケーションはFinderの操作をベースに作られています。特に難しく考える必要もなく、Macの操作が自然に身につけられるよう設計されています。

## ▼ Finderウインドウを確認する

デスクトップ上でファイルやフォルダを表示するウインドウが「Finderウインドウ」です。ウインドウの上部には「タイトルバー」や「ツールバー」、左側にはアイコンが並ぶ「サイドバー」が表示され、いろいろな操作が簡単にできるよう工夫されています。

**閉じるボタン**
ウインドウを閉じます。

**しまうボタン**
ウインドウをいったんDockにしまいます。

**フルスクリーンボタン**
ウインドウをフルスクリーン表示します。

**ツールバー**
ウインドウの内容や表示形式を切り替えるためのボタン類や検索するための検索フィールドが用意されています。

**タイトルバー**
開いているフォルダのアイコンと名前が表示されます。

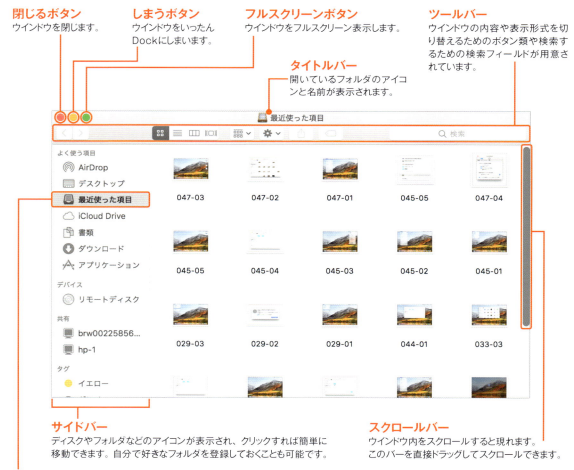

**サイドバー**
ディスクやフォルダなどのアイコンが表示され、クリックすれば簡単に移動できます。自分で好きなフォルダを登録しておくことも可能です。

**スクロールバー**
ウインドウ内をスクロールすると現れます。このバーを直接ドラッグしてスクロールできます。

**最近使った項目**
直近に操作したファイルが表示されます。それぞれの保存場所が違っても、最近利用したファイルをまとめてチェックできます。

## ▼ Finderウインドウを開く

### 1 Finderの[ファイル]メニューから開く

● Finderウインドウの開き方にはいくつか方法があり、それによって開くウインドウが違うことがあります。

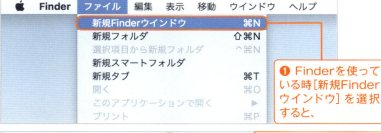

❶ Finderを使っている時[新規Finderウインドウ]を選択すると、

❷ Finderウインドウが開きます

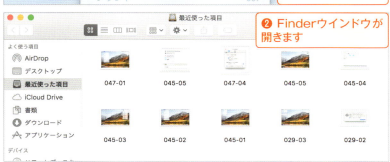

#### ポイント ショートカットで開く

キーボードの⌘キーとNキーを同時に押すとFinderウインドウを開けます（こうしたキーの組み合わせをショートカットと呼びます）。

### 2 Dockの[Finder]アイコンをクリックする

❸ Dockの左端の[Finder]アイコンをクリックしてもFinderウインドウを開けます

#### ポイント [最近使った項目]が開く

この時、初期設定では[最近使った項目]が開くようになっています。ほかのウインドウを開くように変更するには下記のポイントを参照してください。

#### ポイント [最近使った項目]を変更できる

Finderウインドウを開いた時に[最近使った項目]ではなくほかのウインドウを開きたい場合は、設定を変更できます。[Finder]メニューから[環境設定]を選択し、[一般]をクリックしたら、[新規Finderウインドウで次を表示]で希望の場所を選びましょう。

クリックします

Chapter 2 Finderウインドウ

045

## ▼ フォルダを開く

### 1 フォルダをダブルクリックして開く

● Finderウインドウの開き方にはいくつか方法があり、それによって開くウインドウが違うことがあります。

❶ サイドバー内でクリックして[アプリケーション]フォルダを開き、

❷ さらに[ユーティリティ]フォルダをダブルクリックして開きます

❸ フォルダの内容が表示され、タイトルバーに表示されている名前が変わります

### 2 フォルダをタブで開く

❹ ⌘キーを押しながらダブルクリックすると、

❺ そのフォルダの中身がタブでウインドウ内に表示されます

**ポイント**
**タブとは？**
タブについての詳細はP.048を参照してください。

## ウインドウをリサイズする

### 1 コーナーや四辺をドラッグする

❶ 四隅のどのコーナーをドラッグしても
ウインドウサイズを変更できます

❷ 四辺をドラッグすることで、縦方向もしくは
横方向のみリサイズもできます

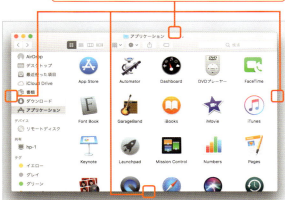

### ポイント　Macの中身はどこにある？

macOS High Sierraでは、Finderウィンドウのサイドバーを見ても、ハードディスク（MacBookはSSD、一部のiMacはFusion Drive）に相当するアイコンが見当たりません。通常、ユーザがアクセスするのは、ハードディスクのユーザフォルダの中にあるホームフォルダの中だけです。そのため、ユーザがハードディスクの上層にアクセスしないように隠してあるのです。

Finderの［移動］メニューから［コンピュータ］を選択すると❶、［Macintosh HD］アイコンがあり❷、その中にmacOSを動かすための重要なフォルダがいくつも入っています。このフォルダの名前を変えたり場所を移動したりすると、ソフトが起動しなくなったり、最悪の場合はmacOSが起動しなくなるので注意しましょう。

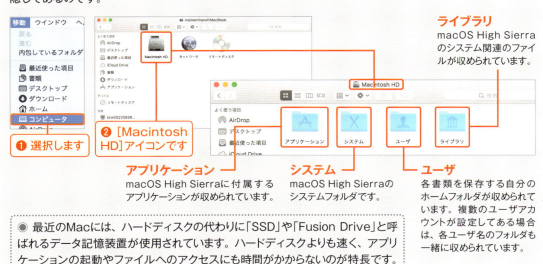

❶ 選択します
❷ ［Macintosh HD］アイコンです

**アプリケーション**
macOS High Sierraに付属するアプリケーションが収められています。

**システム**
macOS High Sierraのシステムフォルダです。

**ユーザ**
各書類を保存する自分のホームフォルダが収められています。複数のユーザアカウントが設定してある場合は、各ユーザ名のフォルダも一緒に収められています。

**ライブラリ**
macOS High Sierraのシステム関連のファイルが収められています。

● 最近のMacには、ハードディスクの代わりに「SSD」や「Fusion Drive」と呼ばれるデータ記憶装置が使用されています。ハードディスクよりも速く、アプリケーションの起動やファイルへのアクセスにも時間がかからないのが特長です。

Chapter 2　Macの基本操作をマスター！

## Chapter 2 ［Finderタブ］
# Finderのタブを切り替えて利用しよう

Finderウインドウにはタブ機能が用意されています。これは1つのウインドウで複数の内容を切り替えて表示する機能です。タブをマスターすれば、Finderの操作がより使いやすくなります。

### 1 タブを表示してみよう

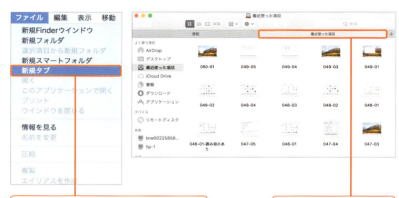

❶ Finderでウインドウを開いている時に［ファイル］メニューから［新規タブ］を選択すると、

❷ タブが表示されます

 **ポイント**
**クリックでタブを追加**
タブの右端にある［＋］ボタンをクリックしても、タブを追加できます。

### 2 タブを切り替えてみよう

❸ このタブが表示された状態

 **ポイント**
**基本はSafariのタブ機能と同じ**
Finderタブは基本的にSafariのタブ機能と同じで、1つのウインドウに複数のフォルダの内容を表示できるのが特徴です。

❹ タブをクリックすると、ウインドウ内の表示が切り替わります

## 3 タブ間でファイルを移動してみよう

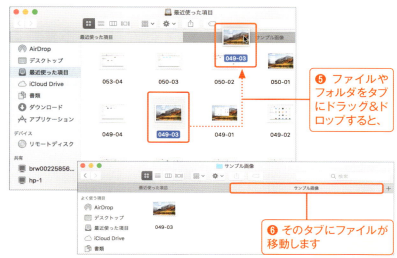

❺ ファイルやフォルダをタブにドラッグ&ドロップすると、

❻ そのタブにファイルが移動します

## 4 タブの位置を変えたりタブを閉じてみよう

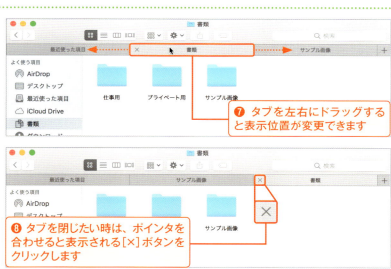

❼ タブを左右にドラッグすると表示位置が変更できます

❽ タブを閉じたい時は、ポインタを合わせると表示される[×]ボタンをクリックします

## 5 タブを別ウインドウで表示してみよう

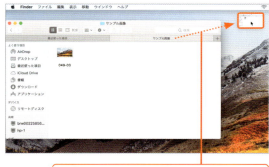
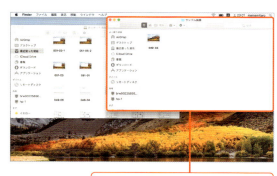

❾ タブをデスクトップ上にドラッグすると、

❿ 別ウインドウとして表示できます

Chapter 2　Macの基本操作をマスター！

## Chapter 2 ［表示形式］
# Finderの表示形式を切り替えよう

Finderウインドウ内にはファイルやフォルダが表示されています。「アイコン」「リスト」「カラム」「Cover Flow（カバーフロー）」の4つの表示形式があるので、切り替えてみましょう。

## アイコン表示

Finderウインドウの表示形式は、ツールバーにある[表示]ボタンで切り替えられます。アイコン表示ではアイコンが大きく表示されるため、すぐにどんなファイルがあるか理解しやすいのが特徴です。

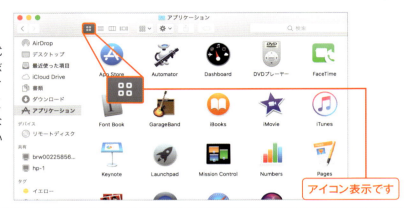

## リスト表示

リスト表示は一覧性を重視した表示スタイルです。フォルダアイコンの左側にある▶印をクリックすれば中身を見ることができます。

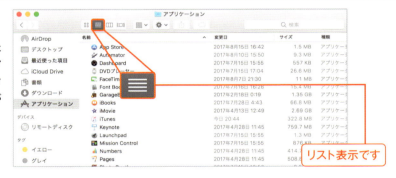

### ポイント　項目の並び順を変更してみよう

ウインドウの表示形式が「アイコン」「リスト」「カラム」の時は、アイコンの並び順を変更できます。ツールバー上にある[項目の並び順序]ボタンをクリックすると、名前順、アプリケーションカテゴリ順、最後に開いた順などが選べるので、見やすい表示に変更するとよいでしょう。

名前、種類、アプリケーション、各種日付に加え、サイズやタグでの並び順にも変更できます。

## カラム表示

カラム表示では、フォルダをクリックしていくと、その中に入っているファイルやフォルダが右側に表示されていきます。

**詳細を表示できる**

カラム表示でファイルを選択すると「種類」「サイズ」「作成日」「変更日」などを表示してくれます。

❶ カラム表示です
❷ クリックします
❸ その中にあるファイルやフォルダが表示されます

## Cover Flow表示

Cover Flow表示ではCDのジャケットをパラパラとめくるようにファイルのアイコンや中身を確認できます。カーソルキーを上下または左右に押す、あるいはマウスの表面を1本指で左右にスワイプ、トラックパッドを2本指でスワイプすることでファイルをめくれます。

Cover Flow表示です

## ポイント プレビュー表示で内容がわかる

ファイルのアイコンは、図のようにプレビュー表示され内容がわかるようになっています。また、アイコン表示の状態でポインタを合わせたときに、右下の図のようにボタンが表示されるファイルは、クリックするとさらに詳しく内容がわかります。なお、ファイルの種類によっては、プレビュー表示されないものもあります。

❶ 上部に拡大表示されるCover Flow表示は、ファイル内容が把握しやすい表示方法です

❷ アイコン表示でPDFにポインタを合わせるとページ切り替え用ボタンが表示されます

❸ 動画や音声ファイルにポインタを合わせると音声再生用ボタンが表示されます

# Chapter 2 [通知センター]
## 通知センターから お知らせを受け取ろう

OSやアプリのアップデート、カレンダーの予定、メールの受信などがあった場合、ユーザに教えてくれるのが「通知センター」です。ここでは通知センターの基本的な利用方法を見ていきましょう。

### ▼ 通知センターをチェックする

**1 通知センターを表示する**

❶ メニューバーの一番右にあるアイコンをクリックすると、

❷ 通知センターが表示されます

❸ [今日]を選択すると、今日の予定や天気などが確認できます

**2 メールの内容を通知する**

❹ [通知]を選択すると、

❺ メールやメッセージなどの通知があれば表示されます

❻ 「バナー」タイプでリアルタイムに通知することも可能です（次ページ）

## ▼ 通知センターをチェックする

### 1 通知センターを表示する

● 「システム環境設定」を開き（P.063）、[通知] をクリックすると、通知センターの設定が行えます。

❶ 通知に対応したアプリや機能が表示されます

❷ 通知のスタイルを設定できます

❸ ロック画面に表示するかどうかなどを設定できます

### 2 通知スタイルを設定する

❹ 通知のスタイルは、自動的に消える「バナー」タイプと、

❺ 操作をするまで消えない「通知パネル」タイプがあります

❻ 例えば [メール] の通知で [返信] をクリックすると返信メールが作成できます

❼ メッセージの通知パネルは、[開封済みにする] か [返信] を選べます

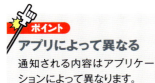

**ポイント**
**アプリによって異なる**
通知される内容はアプリケーションによって異なります。

# Chapter 2 [サイドバー]
## サイドバーからよく使う フォルダを開いてみよう

Finderウインドウの左側にあるのがサイドバーです。ここには[デスクトップ][最近使った項目][書類][ダウンロード][アプリケーション]といったフォルダがあらかじめ登録されています。

### 1 サイドバーの構成

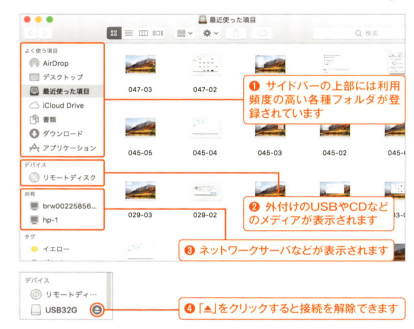

❶ サイドバーの上部には利用頻度の高い各種フォルダが登録されています

❷ 外付けのUSBやCDなどのメディアが表示されます

❸ ネットワークサーバなどが表示されます

❹「▲」をクリックすると接続を解除できます

### 2 サイドバー項目を追加・削除する

● サイドバーに項目を追加してみましょう。

❺ 追加したい項目をサイドバー内にドラッグ&ドロップして登録します

❻ 削除したい場合はサイドバーの外(×マークが表示されるまで)にドラッグ&ドロップします

### 3 サイドバーの幅を変える

❼ サイドバーの枠をドラッグすることで表示の幅を変えられます

### 4 ホームフォルダをサイドバーに表示

● ホームフォルダ、ハードディスクやSSDは初期状態ではサイドバーに表示されません。

❽ [Finder]メニューから[環境設定]を選択して「Finder環境設定」ウインドウを開き、[サイドバー]をクリックしてサイドバー内のアイテムの表示・非表示を変更できます

❾ ユーザのホームフォルダです。クリックしてチェックを入れてサイドバーに表示します

#### ポイント ホームフォルダとは？

ホームフォルダは、ユーザごとに[書類][ピクチャ][ミュージック][ムービー]などのフォルダが格納されている場所です。ダウンロードしたファイルが入る[ダウンロード]や、デスクトップ上の項目が格納される[デスクトップ]などもあります。

#### ポイント 書類の保存は決まったフォルダに

作成した書類や、インターネットからダウンロードしたファイルなどは、保存先を決めておくと後で探すのに便利です。例えば一般的な文書は[書類]フォルダ、画像は[ピクチャ]フォルダ、ムービーなら[ムービー]フォルダと分けておくとよいでしょう。

Chapter 2 サイドバー

Chapter 2 Macの基本操作をマスター！

## Chapter 2 [ツールバー]
# ツールバーで操作を素早く行おう

Finderウインドウには、ツールバーと呼ばれるエリアがあります。ツールバーには、ユーザが普段よく使う機能がボタンとして並んでいます。ボタンは自分が使いやすいように変更できます。

### 1 ツールバーの構成

● 標準状態のツールバーを見てみましょう。自分の好みにカスタマイズすることもできます。

**[戻る]ボタン**
開いたウインドウをさかのぼって表示するボタンです。

**[アクション]ボタン**
新規フォルダの作成やファイル/フォルダの圧縮など、いろいろなメニューが用意されています。内容は選択している対象により変化します。

**[検索]ボックス**
Finderウインドウ内のファイルやフォルダを検索するためのテキストボックスです。

**[進む]ボタン**
[戻る]ボタンでさかのぼって表示したウインドウを逆に進めるためのボタンです。

**[項目の並び順序]ボタン**
Finderウインドウ内に表示しているファイルやフォルダの並び順を変更します。

**[タグ]ボタン**
ファイルやフォルダにタグを割り付けることができます。

**[共有]ボタン**
選択したファイル／フォルダをメールやメッセージなどを使って共有できます。

### 2 ツールバー項目を追加する

● ツールバーをカスタマイズするには、Finderの[表示]メニューから[ツールバーをカスタマイズ]を選択します。

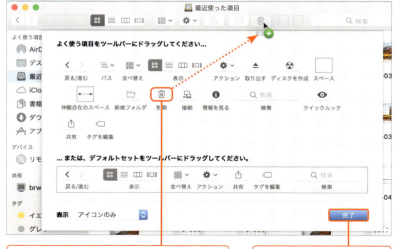

❶ ツールバーに表示したい項目を登録したい位置にドラッグ＆ドロップして追加します

❷ [完了]ボタンをクリックすればOKです

## 3 ツールバー項目を削除する

● ツールバーから項目を削除したい場合は、ツールバーのカスタマイズウインドウを開きます(前ページ手順2参照)。

❸ 削除したい項目をウインドウの外にドラッグ&ドロップすると削除されます

## 4 ツールバーの表示形式のいろいろ

● 標準状態ではアイコンのみが表示されていますが、ツールバーのカスタマイズウインドウ(前ページ手順2参照)にある[表示]で[アイコンとテキスト]や[テキストのみ]が選択できます。

❹ アイコンとテキストの表示です

❺ テキストのみの表示です

### ポイント　ファイルやフォルダにタグを割り付ける

ツールバー上の[タグ]ボタンを使うと、選択したファイルやフォルダにタグを割り付けできます。サイドバーでタグを選べば、そのタグを割り付けたファイルやフォルダを表示してくれます。

# [メニューバー]
## Chapter 2　メニューバーの基本操作を覚えよう

デスクトップ最上部のメニューバーは、使用中のアプリケーションによって内容が変わります。メニューバーの右側は「メニューエクストラ」といい、システム関連機能がアイコン表示されています。

### 1 メニューバーの仕組みを知る

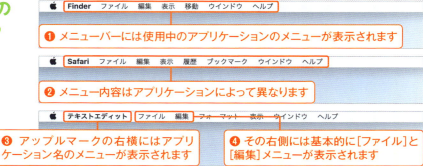

❶ メニューバーには使用中のアプリケーションのメニューが表示されます

❷ メニュー内容はアプリケーションによって異なります

❸ アップルマークの右横にはアプリケーション名のメニューが表示されます

❹ その右側には基本的に[ファイル]と[編集]メニューが表示されます

### 2 特別なメニュー「メニューエクストラ」

❺ メニューバーの右側の小さなアイコンが並んでいる場所は「メニューエクストラ」といいます

---

**ポイント　メニューエクストラのアイコンは移動できる**

⌘キーを押したままメニューエクストラのアイコンをプレス（クリックしたままに）すると、好みの位置に移動できます❶。このアイコンをデスクトップにドラッグ＆ドロップすると、削除されてしまいますが、「システム環境設定」の該当する項目で[メニューバーに○○を表示]にチェックを入れれば、再度メニューエクストラ上に表示できます❷。なお、この方法で位置を動かせるのは最初から表示されているシステム関係のアイコンだけです。

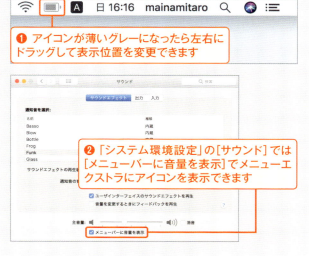

❶ アイコンが薄いグレーになったら左右にドラッグして表示位置を変更できます

❷ 「システム環境設定」の[サウンド]では[メニューバーに音量を表示]でメニューエクストラにアイコンを表示できます

## 1 アップルメニューを見てみよう

画面の左上、メニューバーの左端にあるリンゴマークが「アップルメニュー」です。ここからMacの終了や再起動を行ったり、さらにはシステム全体の設定を変更するための「システム環境設定」にアクセスしたりできます。アップルメニューは、Mac全体の操作をするためのメニューだと言えるでしょう。

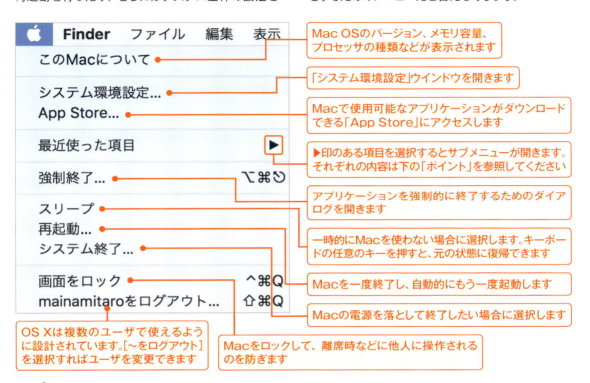

### ポイント [最近使った項目]をチェック

[最近使った項目]のサブメニューには、最近使ったアプリケーションや書類、サーバなどが表示されます。直近で使用したアプリケーションや書類などは、わざわざ探し出さなくても、このサブメニューから選択するだけで起動できます。なお、[最近使った項目]に表示される項目数は、それぞれ10個ですが、最大50個まで表示させられます(P.077参照)。

[最近使った項目]のサブメニューです。一番下の[メニューを消去]を選ぶと、メニュー内をクリアできます。

Chapter 2　Macの基本操作をマスター！

[Dock]

# Chapter 2 Dockってどうやって使うの?

「Dock（ドック）」はさまざまな機能を持っており、Macを使ううえで不可欠と言えるでしょう。なお、Dock内のアイコンはアプリケーションの使用状況などにより異なる場合があります。

## ▼ Dockの仕組みを知ろう

Macの画面でひときわ目を引くのがこのDockです。Dockの特徴を簡単にまとめると、アプリケーションやフォルダ、書類を登録して簡単に開くことができる機能に、アプリケーションの切り替え機能を加えたものと言えるでしょう。

初期設定ではDockはデスクトップの下に表示されていますが、左右の端に移動したり、大きさを変えたりと、その表示方法も多彩です。

**スタック**
Dock内のフォルダのアイコンをプレスすると、その中身が飛び出すようにして表示されます。これは「スタック」と呼ばれる機能です。

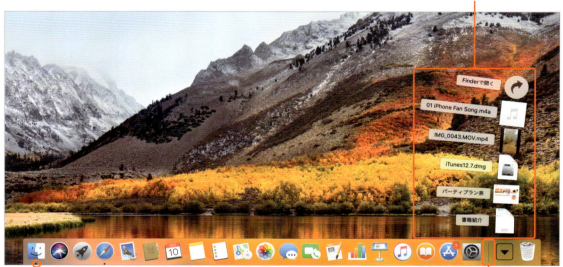

**▲起動中のアプリケーション**
起動中のアプリケーションなどのアイコンの下には●のマークが付きます。

**左側にはアプリケーションや「Launchpad」**
仕切り線の左側には、アプリケーションや「システム環境設定」などの項目が登録されています。クリックするとそのアプリケーションなどが起動します。

**右側にはファイル、フォルダ、ゴミ箱**
仕切り線の右側にはファイルなどを登録できます。また、Finderウインドウやファイルのしまうボタンをクリックすると、一時的に格納されます。

## ▼ Dockの見た目を変えてみよう

### 1 Dockの表示・非表示を切り替える

● 普段はDockを隠しておき、必要な時だけ表示するように設定できます。これでポインタを画面の下に移動した時だけDookが現れるようになります。

❶ Dock右側にある仕切り線をcontrolキーを押しながらクリックし、表示されるメニューで["自動的に非表示"をオンにする]を選択するか、

❷「システム環境設定」の[Dock]で[Dockを自動的に表示／非表示]にチェックを入れます

### 2 サイズの変更と拡大表示

❸「システム環境設定」の[Dock]で[サイズ]のつまみをドラッグすればDockのサイズを変更できます

❹ [拡大]の項目にチェックを入れ、つまみをドラッグして大きさを調節すると、

❺ Dock内のアイコンにポインタが重なった時に大きく表示されます

### 3 Dockの位置を変える

● Dockはデスクトップの下端のほか、左や右に表示できます。アップルメニューの[Dock]から[左][下][右]を選択するか、「システム環境設定」の[Dock]の[画面上の位置]でも設定できます。

❻ 位置を選べます

❼ 画面の左にDockを表示した状態

## ▼ Dockの項目を登録・削除する

### 1 アプリケーションを登録する

● Dockには主要なアプリケーションがもともと登録されていますが、自分がよく使うアプリケーションも登録できます。

❶ アプリケーションのアイコンをDock内の置きたい位置（仕切り線の左側）にドラッグ&ドロップします

### 2 アイコンの登録位置を確認する

● Dockにはアプリケーションだけでなく、ファイルやフォルダなども登録しておけます。

❷ ファイルやフォルダは仕切り線の右側にしか登録できないようになっています

### 3 Dockの項目を削除する

**ポイント**
**アプリケーションが消えたわけじゃない**
煙とともにアイコンは消えてしまいますが、これはアプリケーションそのものを消してしまうわけではなく、単にDockへの登録を解除しただけです。

❸ Dockから項目を削除するには、アイコンをDockの外にドラッグします

## ポイント 「システム環境設定」もDockから簡単に表示できる

[システム環境設定]は、Macのシステムに関するさまざまな設定が行える画面です。スクロールバーやDockの表示方法などMacの使い勝手を左右するもの、iCloudやApp Storeといった便利なサービスについてなど、多くの設定がこの画面にまとめられています。初期設定でDockに配置されているボタンを使って簡単に表示できるので、基本的な操作方法を押さえておきましょう。なお、[システム環境設定]は[アップル]メニューから[システム環境設定]を選択しても同様に表示できます。

## ポイント Dockのアイコンをクリックしたままにすると

Dock内のアイコンをクリックしたままにすると、さまざまな機能を利用できます。ただし、アイコンがアプリケーションのアイコンか、フォルダなのか、またアプリケーションが起動しているのかいないのかによって、利用できる機能が変わってきます。

Chapter 2 Macの基本操作をマスター!

# Chapter 2 [スタック] スタックでフォルダの内容を確認しよう

「スタック」はDockに登録したフォルダの中身を確認する機能です。フォルダをクリックすると保存してあるファイルやフォルダが飛び出すように現れます。

## ▼ スタックの表示方法

### 1 弧を描くようにしてファイルが現れる「ファン」

❶ Dockにあるフォルダのアイコンをクリックすると、ファイルが飛び出してきます。クリックすると開けます

❷ 矢印をクリックするとFinderで開きます

### 2 升目状に現れる「グリッド」と一覧表示する「リスト」

● アイテム数が多い時に最適な表示方法が「グリッド」です。ファイル名やフォルダ名の文字数が長い時は「リスト」で表示すると見やすくなります。

❸ グリッド表示です

❹ リスト表示です

## ▼ スタックを追加してみよう

### 1 ドラッグ&ドロップして追加する

● 初期設定ではSafariなどでダウンロードしたファイルが保存される[ダウンロード]のフォルダがスタックとして登録されています。

❶ よく使うフォルダはドラッグ&ドロップして登録しましょう

### 2 表示方法を変更する

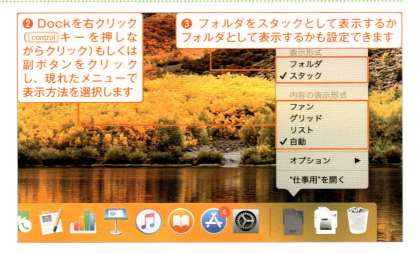

❷ Dockを右クリック（controlキーを押しながらクリック）もしくは副ボタンをクリックし、現れたメニューで表示方法を選択します

❸ フォルダをスタックとして表示するかフォルダとして表示するかも設定できます

### ポイント スタック内は矢印キーでも選択可能

スタック内の項目を選ぶには、ポインタでクリックするのが一般的です。そのほかにも上下左右の矢印キーで選択でき、returnキーを押すと開きます。スタック内の表示がファン、グリッド、リストのいずれでもこの方法が使えます。

## Chapter 2 ［アプリケーション］
# アプリケーションの起動と終了をしてみよう

アップルはアプリケーションの見た目や使い方にガイドラインを設けており、1つが使えれば他のアプリの基本的な操作も理解できます。「テキストエディット」の使い方を見てみましょう。

## ▼ テキストエディットを起動・終了しよう

### 1 Launchpadから開く

● 「テキストエディット」アプリをLaunchpadから起動してみます。Launchpadについて詳しくはP.168をご覧ください。

❶ [Launchpad] アイコンをクリックします
❷ [その他] をクリックします

**ポイント：Dockにアイコンがあるアプリの場合**
Dockにアイコンがあるアプリは、Dock内のアイコンをクリックするだけですぐに起動できます。

❸ [テキストエディット] のアイコンをクリックします

### 2 テキストエディットが開いた

❹ テキストエディットが起動し、ファイル保存のダイアログが表示されます。ここで[新規書類]をクリックすると、

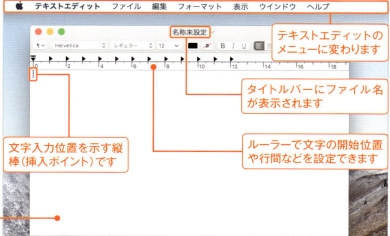

テキストエディットのメニューに変わります

タイトルバーにファイル名が表示されます

ルーラーで文字の開始位置や行間などを設定できます

文字入力位置を示す縦棒（挿入ポイント）です

❺ 「名称未設定」状態の新規ファイルが開きます

## 3 ウインドウを閉じる

❻ 閉じるボタンをクリックします

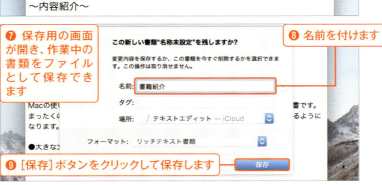

❼ 保存用の画面が開き、作業中の書類をファイルとして保存できます

❽ 名前を付けます

❾ [保存]ボタンをクリックして保存します

### ポイント ファイルの保存場所に注意

ファイルは[場所]で指定されているフォルダ(ここではiCloud Drive上の「テキストエディット」フォルダ)の中に保存されます。

## 4 テキストエディットを終了する

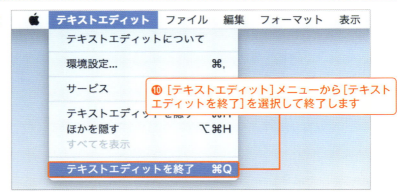

❿ [テキストエディット]メニューから[テキストエディットを終了]を選択して終了します

### ポイント 修正書類は自動保存される

既にファイルとして保存されている書類は、修正後に保存しないで終了しても、その内容は自動的に保存されます。

### ポイント [書類]フォルダに保存する

iCloudの設定によっては、新規ファイルの保存先に「iCloud Drive」上のフォルダが選ばれることがあります。iCloud DriveではなくMac内に保存したい場合は、保存用の画面で図のようにして、保存場所を変更しましょう。[デスクトップ]や[書類]フォルダなど、Mac内の場所を選択すればOKです。

❶ ここをクリックして、

❷ Mac内の場所を選びます

Chapter 2 アプリケーション

## ▼ テキストエディットのメニューを見てみよう

テキストエディットでメニューバーに表示されるメニューと、その内容は以下のとおりです。左からアプリケーション名（[テキストエディット]）、[ファイル]、[編集]という順番は多くのアプリケーションで共通です。テキストエディットの場合、他に[フォーマット][表示][ウインドウ][ヘルプ]が用意されています。

## ポイント Dockのアイコンに注目

アプリケーションを起動すると、Dockにそのアイコンが表示され、その下に●印が付きます。複数のアプリケーションが起ち上がっている場合は、Dock内のアイコンをクリックすることでアプリケーションを切り替えられます。

## ポイント [終了]と[閉じる]はどう違うの？

ウインドウを閉じるには、P.067で説明したようにウインドウの左上にある赤色の閉じるボタンをクリックするだけでなく、[ファイル]メニューから[閉じる]を選ぶ方法もあります。またテキストエディット自体を終了してもウインドウは閉じられます。[終了]と[閉じる]の違いを押さえておきましょう。

例えばテキストエディットで書類のウインドウが開いている状態で[テキストエディット]メニューから[終了]を選ぶと、書類のウインドウが閉じると同時に、テキストエディットも終了します。しかし[ファイル]メニューから[閉じる]を選択すると、作業中の書類が閉じるだけでテキストエディットというアプリケーションは起動したままです❶。その証拠に、メニューバーにはテキストエディットのメニュー項目が表示されています❷。書類のウインドウを閉じても必ずしもアプリケーションは終了していません。気がつくとDockにたくさんアプリケーションのアイコンが並んでいた…ということにならないように気をつけましょう。

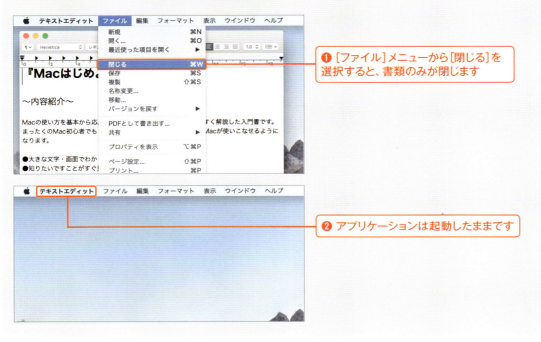

❶ [ファイル]メニューから[閉じる]を選択すると、書類のみが閉じます

❷ アプリケーションは起動したままです

Chapter 2　Macの基本操作をマスター！

## Chapter 2 ［フルスクリーン］ フルスクリーンアプリケーションを便利に使いこなそう

フルスクリーンアプリケーションはスクリーン全体を使うため、ほかのウインドウが見えなくなりますが、画面全体をスワイプしてアプリケーションを切り替えられます。

### 1 フルスクリーンボタンをクリックする

❶ ウィンドウの左上の一番右にある緑のフルスクリーンボタンをクリックします

### 2 フルスクリーンで表示された

◉ フルスクリーン表示に切り替わると、自動的にメニューバーとDockが隠れます。

❷ ウインドウが拡大して、フルスクリーン表示に切り替わります。[esc]キーを押すとフルスクリーン表示が解除され、元の表示に戻ります

## 3 メニューを表示する

❸ ポインタを画面の一番上に持っていくと、メニューが現れて操作できるようになります

❹ 緑のフルスクリーンボタンをクリックすれば元のウィンドウ表示に戻れます

## 4 Dockを表示する

❺ ポインタを画面の一番下まで移動すると、隠れていたDockが現れます

## 5 スワイプでアプリケーションを切り替える

❻ トラックパッドを3本指もしくはマウスの表面を2本指で左右にスワイプすると、フルスクリーン表示中のアプリケーションを切り替えられます

Chapter 2 フルスクリーン

## Chapter 2 Macの基本操作をマスター！

### Chapter 2 [Spotlight]
# ファイルを探してみよう

macOSの機能のひとつに「Spotlight（スポットライト）」があります。Macに保存されたファイルやフォルダ、アプリケーションなどを一瞬にして探し出せます。

## ▼ Spotlightメニューを使って検索してみよう

### 1 Spotlight検索ボックスを表示する

❶ メニューバーの右端にある[Spotlight]メニューをクリックすると、検索ボックスが表示されます

❷ ここに検索したいファイルやフォルダに関連する言葉を入力します

### 2 語句を入力する

**ポイント**

**Spotlightは技術名**

このような検索に使われている技術を「Spotlight」と呼びます。ファイル名だけではなく、ファイル内容などに関連する情報からも検索できるのが特徴です。

❸ 語句を入力すると同時にウインドウが現れ、検索結果が表示されます。文字を入力するたびに、検索結果が絞り込まれていきます

## 3 結果を確認する

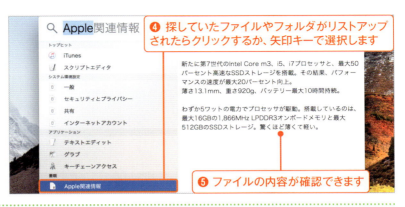

❹ 探していたファイルやフォルダがリストアップされたらクリックするか、矢印キーで選択します

❺ ファイルの内容が確認できます

## 4 探していたファイルを開く

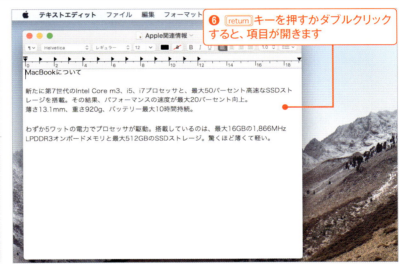

❻ `return`キーを押すかダブルクリックすると、項目が開きます

### ポイント 検索対象が広がりさらに便利に

下記コラムや次ページにあるように、Spotlightでは多彩な情報が検索できます。さらにmacOS High Sierraでは、Spotlightの検索対象が広がりました。例えばフライトの便名を入力すると、到着・出発時刻、ターミナル、搭乗ゲートなどの情報も表示されます。

### ポイント Spotlight検索結果の見方

Spotlightでは、ファイルやフォルダ以外にもさまざまな検索が行えるのが特徴です。最も関係があると判断された項目は、一番上に「トップヒット」として表示されます。また、メールのメッセージや「システム環境設定」の項目、カレンダーの予定、Safariのブックマークなど、いろいろな項目を検索結果として表示してくれます。リストアップされた中の一番下にある［Finderにすべてを表示］をダブルクリックすると、Finderウィンドウで表示できます。

検索結果のうち最も関連性が高いと判断された項目が「トップヒット」として表示されます。

検索結果はFinderウインドウでも表示できます。

## Spotlightで言葉の意味を検索する

### 1 調べたい語句を入力する

❶ Spotlight検索ボックスに語句を入力します

### 2 辞書が表示された

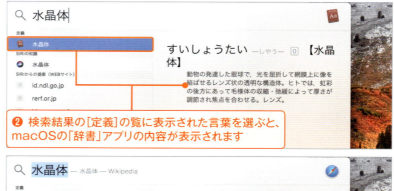

❷ 検索結果の[定義]の覧に表示された言葉を選ぶと、macOSの「辞書」アプリの内容が表示されます

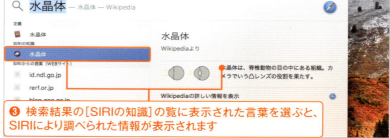

❸ 検索結果の[SIRIの知識]の覧に表示された言葉を選ぶと、SIRIにより調べられた情報が表示されます

**ポイント**
**四則演算も行える**

Spotlightの検索ボックスに計算式(+ - * /)を入力すると、四則演算ができます。科学計算にも対応しているので、sin、cos、tanや、指数関数のexp、四捨五入のrint、自然対数のln、階乗の!などを使った計算が可能です。

### 3 検索対象から外す

❹ 「システム環境設定」の[Spotlight]で検索結果の表示をカスタマイズできます。[検索結果]タブを選択して、

❺ 不要な項目をオフにします

**ポイント**
**特定のフォルダを検索対象からはずす**

[プライバシー]の項目では検索対象にしないフォルダを設定できます。個人的な情報やパスワードなどの重要なデータを記した書類など、オープンにしたくない書類をMacに保存している場合に役立つ機能と言えるでしょう。

## ▼ Finderウインドウの検索ボックスで検索する

### 1 検索語句を入力する

● Finderウインドウの検索ボックスでもSpotlight技術による検索が可能です。

❶ ここに語句を入力して検索します

### 2 検索条件を追加する

❷ 結果一覧の上に検索バーが表示され、検索場所を変更したり、検索条件を追加したりできます

**ポイント　検索対象の場所を変えるには**

バーにある[このMac][書類]フォルダなどをクリックします。

---

**ポイント　トークンを使って検索結果を絞り込む**

Finderには、検索結果を絞り込むためのトークン（字句解析）機能が搭載されています。キーワード入力時に表示された候補を選ぶと、検索トークンが作成できます。トークンの先頭に表示されている条件をクリックすれば、検索範囲がワンタッチで変更できます。

例えば右の図では、検索ボックスに"やなか"というキーワードを入力して❶、「名前が一致」という候補を選択しました❷。すると検索ボックスに"やなか"のトークンが作成されます。トークン先頭の[名前]をクリックすると❸、検索範囲を[ファイル名]から、ファイルの内容も含めた[すべて]に切り替えできます❹。こうしてトークンを使えば、わざわざキーワードを入力し直して再検索しなくても、検索対象を簡単に切り替えて結果を確認できるのです。

❶ キーワードを入力します
❷ 選択します
❸ クリックします
❹ 選択します

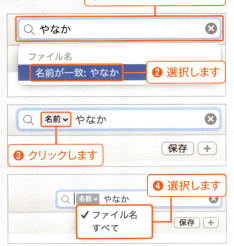

[ファイルを開く]

# Chapter 2 ファイルを開いてみよう

ファイルの作成や保存の作業が済んだら、今度はそのファイルを開いてみましょう。ここではテキストエディットで作成したファイルを使って開く4つの方法を説明します。

## 1 方法①：ファイルをダブルクリックで開く

**ポイント ファイルの関連付け**
ファイルをダブルクリックすると、作成に使ったアプリケーションが起動し、ファイルが開きます。ファイルはどのアプリケーションで開かれるかの情報（これを「関連付け」と呼びます）を持っています。

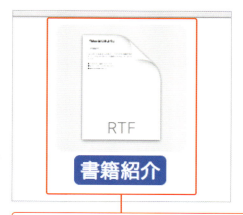

❶ ファイルのアイコンの上にポインタを置いて、ダブルクリックして開きます

## 2 方法②：[ファイル]メニューの[開く]を選択して開く

**ポイント ファイルの選択状態**
選択状態になったファイルやフォルダは、ファイル・フォルダ名の部分が青くなるほか、アイコンがグレーの四角で覆われます。

❷ ファイルをクリックして選択状態にして[ファイル]メニューから[開く]を選択して開きます

## 3 方法③：アプリケーションアイコンにファイルをドラッグ＆ドロップ

❸ ファイルをアプリケーションのアイコンにドラッグ＆ドロップして開きます

**ポイント　特定のアプリケーションで開きたい時に有効**

この方法は、関連付けがない書類を特定のアプリケーションで開きたい場合に有効です。例えば、別のアプリケーションで作成したテキスト書類をテキストエディットで開きたい時などに使います。

## 4 方法④：[最近使った項目]から開く

❹ ここで該当するファイル名を選択して開きます

● 最近使用したばかりのファイルなら、アップルメニューの[最近使った項目]の中に入っているはずです。

---

**ポイント　[最近使った項目]に表示される項目の数を増やす**

[最近使った項目]の中に表示される項目の数は、標準の状態では10個になっています。項目数は「システム環境設定」の[一般]で最大50個まで増やすことができます。10個では足りない場合は増やしてみてください。

[最近使った項目]のポップアップメニューから数を選択します。

077

## Chapter 2

### ［保存］
# ファイルの保存方法を覚えよう

アプリケーションで作り上げたデータは書類、文書、ファイルなどと呼びます。作成したファイルは、作業終了時、作業中を問わず、しっかり保存しておくことが大切です。

Chapter 2　Macの基本操作をマスター！

### 1 ファイルを保存する

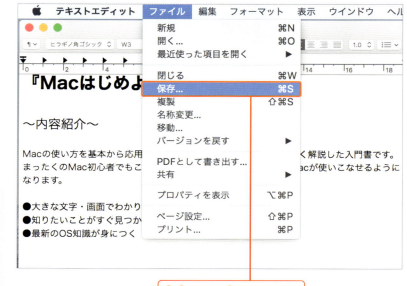

❶ ［ファイル］メニューから［保存］を選択します

**ポイント**

**⌘キー＋Sキーで保存**

［ファイル］メニューから［保存］を選択する以外に、⌘キー＋Sキーを押してもファイルを保存できます。

### 2 保存するための画面が出る

❷ 初めて保存する場合は保存のためのダイアログが開きます

**ポイント**

**ファイルの選択状態**

選択状態になったファイルやフォルダは、ファイル・フォルダ名の部分が青くなるほか、アイコンがグレーの四角で覆われます。

## 3 ファイル名・保存場所を決める

❸ [名前]にファイル名を入力し、
❹ [場所]で保存場所を選択して、
❺ [保存]ボタンをクリックします

**ポイント 保存をキャンセルする**
保存作業をやめて、文書編集に戻りたい時は[キャンセル]ボタンをクリックします。

## 4 ファイルが保存された

❻ 指定したフォルダの中にファイルが保存されました

**ポイント Mac内に保存するには**
手順3の画面の[場所]に[iCloud]と表示されているときは、ファイルはiCloud Drive(P.23参照)に保存されます。作業しているMacの中に保存したいときは[場所]をMac内のフォルダなどに変更します(下コラム、P.67コラム参照)。

---

**ポイント 保存ダイアログを詳しく見てみよう**

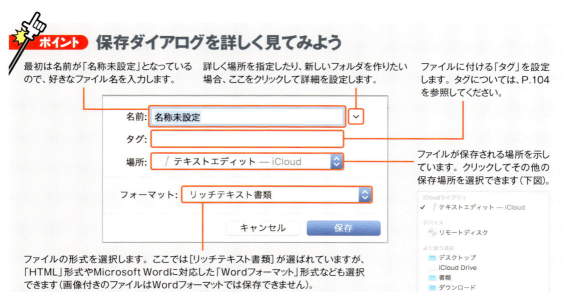

最初は名前が「名称未設定」となっているので、好きなファイル名を入力します。

詳しく場所を指定したり、新しいフォルダを作りたい場合、ここをクリックして詳細を設定します。

ファイルに付ける「タグ」を設定します。タグについては、P.104を参照してください。

ファイルが保存される場所を示しています。クリックしてその他の保存場所を選択できます(下図)。

ファイルの形式を選択します。ここでは[リッチテキスト書類]が選ばれていますが、「HTML」形式やMicrosoft Wordに対応した「Wordフォーマット」形式なども選択できます(画像付きのファイルはWordフォーマットでは保存できません)。

Chapter 2 Macの基本操作をマスター！

## Chapter 2 ［クイックルック］
# クイックルックでファイルを確認してみよう

「クイックルック」はテキスト、画像、PDFなど、さまざまなファイルを見るための万能ビューアです。クイックルックを利用すれば、対応のアプリケーションがなくても内容を確認できます。

### 1 ［クイックルック］を選択する

● クイックルックはアプリケーションを開かずに、ファイルを手軽に「ちょっと見る」ことができる機能です。

❶ クイックルックを利用するには、Finderウインドウでファイルを選択します

❷ □キーを押すかツールバー上の ⚙ ボタンをクリックし、メニューから["○○○"をクイックルック]を選択します

### 2 クイックルックで内容が表示できた

❸ ファイルを開かなくても、クイックルックで内容が表示できました

080

## 3 アプリケーションで開く

❹ クイックルックのウインドウ右上にある["○○○"で開く]ボタンをクリックするとそのファイルに対応したアプリで開けます

### ⚡ ポイント クイックルックでさまざまなファイルを見てみよう

クイックルックではさまざまなタイプのファイルを閲覧できます。ここではその一部を見てみましょう。

●画像ファイル
フルスクリーンで閲覧できるほか、「写真」アプリに登録できます。

●音楽ファイル
曲を聴けるほか、楽曲名、アーティスト名、時間などを確認できます。

●ムービーファイル
動画再生が可能です。フルスクリーンでの再生も行えます。

●Pages/Numbers/Keynote
Pages、Numbers、Keynoteの書類もクイックルックで内容を閲覧できます。

# Chapter 2 ［文字入力の設定］
## 文字入力時の設定やキーボードを確認しよう

文字を入力する前に、まずは基本的な操作や設定を覚えておきましょう。特に英字入力モードと漢字かな交じり文入力モードの切り替え方法は、必ず覚えておきたい操作です。

## ▼ 文字を入力する前に

### 1 ［英字］［ひらがな］［カタカナ］を切り替える

❶ 入力メニューをクリックすると［英字］［ひらがな］［カタカナ］を切り替えるメニューが表示されます

❷ 漢字かな混じり文を入力する場合は［ひらがな］を選択します

#### ポイント
**日本語入力プログラムとは**
日本語入力プログラムとは、キーボードで入力した文字を漢字などに変換するためのプログラムのことです。

### 2 ［英数］キーや［かな］キーを使う

● キーボードの［英数］キーや［かな］キーを押しても、英字入力モードと漢字かな混じり文入力モードを切り替えることができます。なお、［shift］キーを押しながら［かな］キーを押すとカタカナ入力モードになります。もう一度［かな］キーを押すとひらがなに戻ります。

❸ ［英数］キーです　　❹ ［かな］キーです

## ▼ キーボードの入力方法を設定

### 1 環境設定を開く

● キーボードの入力方法は[ローマ字入力][かな入力]から選択します。Macを最初に起動した時に選択しているので、変更したい場合のみ設定を行ってください。

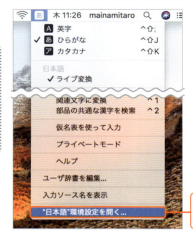

❶ 入力メニューで["日本語"環境設定を開く]を選択します

### 2 入力方法を決める

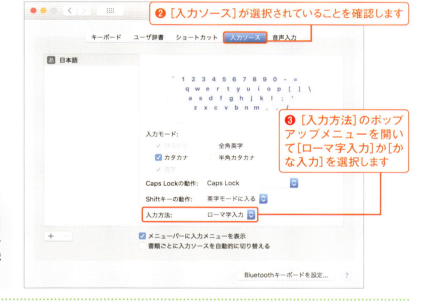

❷ [入力ソース]が選択されていることを確認します

❸ [入力方法]のポップアップメニューを開いて[ローマ字入力]か[かな入力]を選択します

**ポイント**
**本書では[ローマ字入力]**
本書ではもっともユーザーの多い[ローマ字入力]を前提に説明を行っていきます。

### 3 環境設定を閉じる

❹ 閉じるボタンをクリックしてウインドウを閉じます

# Chapter 2 [文字入力の基本] 文字の入力と編集をしてみよう

日本語入力プログラムの設定を確認したら、次はいよいよ文字入力と編集作業に挑戦してみましょう。練習にはテキストエディットを使います。慣れれば入力のスピードもアップするはずです。

## ▼ 文字を入力するには

### 1 「わたしは」を入力する

● テキストエディットで「私はMacを買いました！」という文章を入力してみましょう。まず「わたしは」と入力します。ローマ字入力の場合、右のように入力することになります。

わ　た　し　は
WA TA　SI　HA
（またはSHI）

### 2 キーボードで打ち込む

● アルファベットを入力していくと、画面上では右のように表示されます。

CHECK!
最適な漢字に自動で変換される！

### 3 「私は」へ変換する

❶ 入力中の文字は確定しておらず、下に線が付いています

❷ 変換候補が正しい場合は return キーを押します

❸ 下線が消えて入力が確定しました

### ポイント 候補の漢字は変化していく

ライブ入力では、入力した「かな」に最適な漢字が随時表示されます。たとえば「きょうりゅう」と入力した場合、図のように変化します。最初の数文字を入力した時点で希望の漢字以外に変換されても慌てずに、単語の最後まで入力してみましょう。

❶「きょう」と入力した時点では「今日」に自動変換されています

❷「きょうりゅ」まで入力したことで「今日」が候補からはずれひらがなに戻りました

❸「きょうりゅう」まで入力した時点で「恐竜」に自動変換されました

## 4 英字入力に変換する

●「Mac」という半角英数文字を入力する際は、入力モードを半角英字用に変更します。

### ポイント キー操作で入力モードを切り替え

P.082で紹介しているように、キーボードの[英数]キーや、[⌘]キーと[　]（スペース）キーを同時に押すなどして入力モードを変更してもOKです。

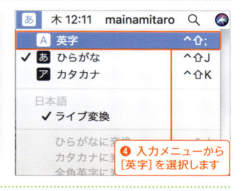

❹ 入力メニューから[英字]を選択します

## 5 「Mac」を入力する

● 右のように入力していきます。[shift]キーを押しながら[M]キーを押すと、英数モードの時は大文字を入力できます。

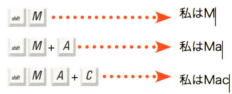

### ポイント 読み方から英単語に変換できる

macOS High Sierraでは、英語入力の強化により、英語の読みを日本語で入力するだけで、正しい英単語に変換できます。日本語の内に一部英単語を入れたい場合、スペルに自身がない…といった場合にはこちらも便利です。

❶ 読み方の冒頭である「あっぷ」を入力した状態

❷ 英語の「Apple」も変換候補に表示され選択できます

❸「あっぷる」まで入力するとこのように変換されます

## 6 続きの日本語を入力する

● ひらがな入力のモードに戻るには、入力メニューから[ひらがな]を選択します(もしくはキーボードの [かな] キーを押すなど)。

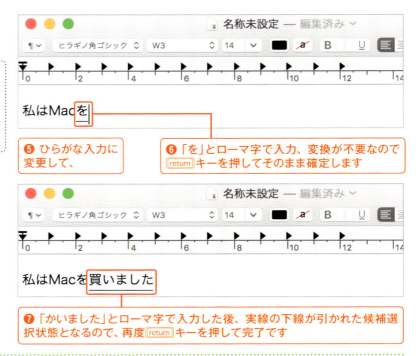

❺ ひらがな入力に変更して、

❻ 「を」とローマ字で入力、変換が不要なので [return] キーを押してそのまま確定します

❼ 「かいました」とローマ字で入力した後、実線の下線が引かれた候補選択状態となるので、再度 [return] キーを押して完了です

## 7 「!」を入力して完成

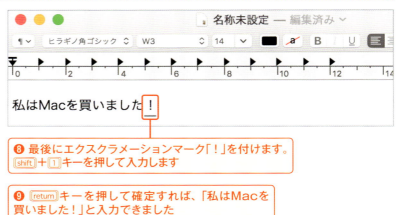

❽ 最後にエクスクラメーションマーク「!」を付けます。[shift] + [1] キーを押して入力します

❾ [return] キーを押して確定すれば、「私はMacを買いました!」と入力できました

---

**ポイント キーに割り当てられた文字を入力**

ローマ字入力の場合、アルファベット部分が通常入力され、キーの上部に書かれている文字が [shift] キーを押して入力されます。

ローマ字入力で [shift] キーを押しながら入力します

ローマ字入力で通常入力できます

かな入力で通常入力できます

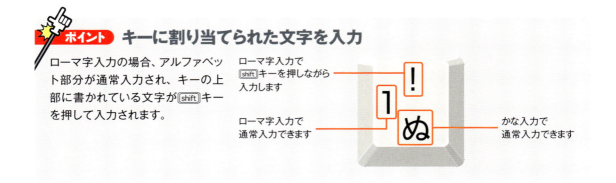

### ポイント　予測された単語を活用する

単語の入力の途中に❶、その後の入力を予測した変換の候補が表示されることがあります❷。表示された予測の中に入力したい単語があるときは、選択してすばやく入力できます❸。単語の選択は、矢印キーまたは`tab`キー押すか、対象の語句をクリックして行いましょう。なお、予測に表示される単語は、最近入力した内容が反映されるなど変化します。

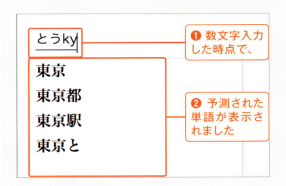

Chapter 2　文字入力の基本

## 任意の漢字に変換するには

### 1　□キーを押す

● 自動変換や予測で表示された文字以外に変換したいときは、手動で変換できます。

❶自動変換された漢字以外に変換したいときは、

❷他の候補が表示されるまで□（スペース）キーを何度か押します

### 2　候補を確定して入力する

#### ポイント　変換候補ウインドウを使いこなす

ウインドウに一度に表示される候補の数は限られていますが、それ以上に候補がある場合は、スクロールすることで他の候補を見ることができます。このとき📖マークの付いた候補については意味や用例が表示されるので選ぶ際の参考にしましょう。

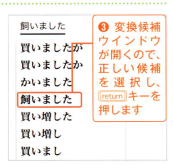

❸変換候補ウインドウが開くので、正しい候補を選択し、`return`キーを押します

### ポイント　変換候補ウインドウで該当する漢字を選ぶ方法

目的の候補がウインドウに表示されている場合、クリック、または候補の左にある数字を入力して選択できます。目的の候補がないときは、□（スペース）キーや上下矢印のキーを何度か押してみましょう。ウインドウが自動的にスクロールされ、表示されていない範囲の候補も順に選択されます。目当ての候補が選択されたら`return`キーを押します。

087

## ▼ 入力・漢字変換で間違ってしまった時は？

### 1 ひらがな入力で間違えたら

こんにちわ

deleteキー

こんにち

↓

こんにちは

❶ ひらがな入力を間違えてしまった場合は、

❷ 文字入力の直後ならdeleteキーを押して文字を消すことができます

❸ 正しい文字を再入力します

---

### 2 入力を間違えたまま漢字変換してしまったら

株式外資

↓

かぶしきがいし

escキー

↓

株式会社

❶ 変換途中に文字の間違いに気付いた場合は、

❷ escキーを押すことで変換前に戻すことができます

❸ 不要な文字をdeleteキーで消し、正しく入力・変換します

---

### 3 変換の区切りが違っていたら

砂糖と塩

砂糖と塩

shiftキー
＋矢印キー（←）

↓

佐藤敏夫

**ポイント**
**区切りの変更後に再変換するには**
変換の区切りを変更しても希望の漢字に変換されないときは、左右の矢印キーを押して対象の区切りの下に太線を移動し、□□キーを押すと手動で再変換できます。

❶ 変換の区切りがおかしい場合は、

❷ 矢印キー（← →）を押して対象の変換の区切りに太い下線を移動します

❸ shiftキーを押しながら矢印キー（← →）を押すことで変換する範囲を変更できます

❹ 区切り位置が変わり、変換内容も変わりました

❺ うまく変換できたら入力を確定します

---

### 4 間違った変換候補のまま確定してしまったら

返還

かなキーを2回押す

返還

変換

❶ 変換候補を間違ったまま確定してしまった場合でも、

❷ かなキーを2度すばやく押すと、

❸ 変換できる状態に戻るので正しい候補を選択します

## 文字をコピー&ペーストしてみよう

### 1 コピー箇所を選択する

● テキストエディットなどで文章を入力した場合、その一部を入れ替えたり、消したり、付け足したり、流用したりと、切り貼りできます。

❶ ここでは「自転車屋さんに」をドラッグして選択します

### 2 [コピー]を選択する

**CHECK!** ⌘キーと Cキーを押してもコピーできる

❷ [編集]メニューから[コピー]を選択します

### 3 貼り付けたい位置を指定する

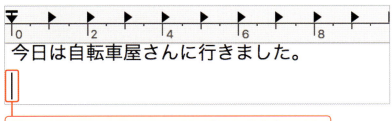

❸ コピーしたい場所をクリックして挿入ポイントを点滅させます。図では return キーを押して改行しています

### 4 ペースト(貼り付け)を行う

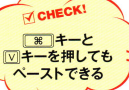

**CHECK!** ⌘キーと Vキーを押してもペーストできる

❹ [編集]メニューから[ペースト]を選択します

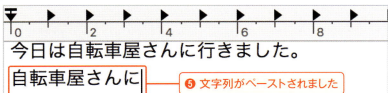

❺ 文字列がペーストされました

# Chapter 2 ［フォント］
# 文字の大きさや種類を変えてみよう

文字のサイズ、フォント（文字の種類）、そしてスタイルを変更すると、同じ文書でも印象はだいぶ変わります。ここではテキストエディットを使って、これらの変更の仕方を見ていきましょう。

## 1 サイズを変更する

**ポイント　数値を入力してもOK**
文字のサイズが表示されている欄に、数値を入力してもサイズを変更できます。選択肢にないサイズにしたいときは直接入力しましょう。

❶ サイズを変更したい部分をドラッグして選択し、
❷ サイズの横のボタンをクリックして、
❸ サイズを選択します

## 2 フォントをクリックする

❹ フォント名部分をクリックします

## 3 フォントを選択する

**ポイント　書体（太さ）も変えられる**
フォントの右側、図で［W3］と表示されている部分をクリックすると、文字の書体（太さ）を選択することもできます。

❺ 使いたいフォントを選択します

## 4 スタイルを変更する

❻ 利用したいスタイルのボタンをクリックすると

● 下線用ボタンの左にある斜体用ボタン、太字用ボタンも同様に利用できます。

### ポイント 使用できないスタイルもある

フォントや組み合わせによっては、使用できないスタイルもあります。スタイルのボタンがクリックできない状態のときは、そのスタイルは使えません。

❼ スタイルが変更できます

### ポイント 「Font Book」でフォントを管理する

Macにははじめからさまざまなフォントが用意されており、書類を作る際に利用できます。しかし、英文フォントまで含めるとその数はかなり多く、どのフォントが実際どんな形をしているのか、調べるのは面倒です。「Font Book」アプリケーションではフォントの形を確認できるばかりでなく、フォントをグループ化したり、使わないフォントを使用停止にすることもできます。Font BookはLaunchpad（P.068）から［その他］→［Font Book］をクリックして起動できます。

フォントのグループをコレクションと呼びます。はじめから図のようなコレクションが用意されています。

［+］をクリックするとフォントをインストールできます。フォントを選択して右横の（使用停止）ボタンをクリックするとそのフォントは使えなくなります。

現在表示されているフォント名、サイズが表示されます。

フォントのサイズを変更します。右にあるつまみでも変更できます。

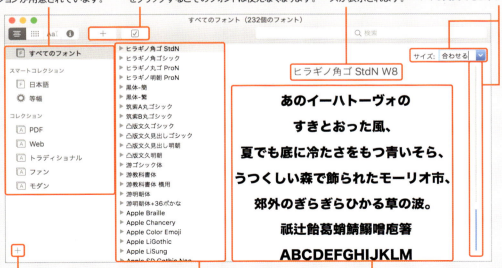

新しいコレクションを作ることができます。コレクションを選択して（使用停止）ボタンをクリックすると、それに属するフォントは使えなくなります。

左の［コレクション］で選択したフォントが表示されます。「▶」をクリックするとそのフォントのバリエーションが表示されます。

選択したフォントが表示されます。日本語の場合は宮沢賢治作の『ポラーノの広場』の一節が表示されます。

091

# Chapter 2 [音声入力]
# 音声で文字を入力してみよう

macOS High Sierraには音声入力機能が備わっており、Macのマイクに話しかけるだけで言葉をテキストに変換してくれます。声の特徴も覚えてくれるので、使うほど賢くなります。

## ▼ 音声入力の方法

### 1 音声入力機能を呼び出す

❶ テキスト入力できる場所で、キーボードの fn キー（ファンクションキー）を2回押すと、

**ポイント**
**拡張音声入力を使えば…**
はじめてファンクションキーを2回押すと「音声入力を有効にしてもよろしいですか?」というダイアログが表示されます。[拡張音声入力を使用]にチェックが入っているので、そのまま[OK]ボタンをクリックしましょう。「拡張音声入力」を使えば、インターネットに接続していないオフライン状態でも音声入力が利用できます。

❷ カーソルの位置にマイクアイコンが表示され、音声入力待ちの状態になるので話しかけます

### 2 入力した音声がテキストに変換される

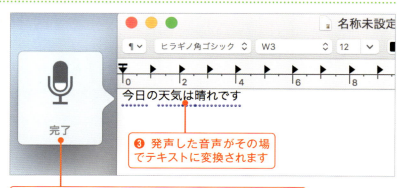

❸ 発声した音声がその場でテキストに変換されます

❹ 音声入力が終わったら、fn キーを1回押すか、マイクアイコンの[完了]ボタンをクリックして終了します

## 記号の入力方法や各種設定

### 1 音声で記号を入力するには

● 句読点やカッコなどの記号は、読みで入力します。代表的な記号の読みを表にしたので参考にしてください。

| よみ | 記号 | よみ | 記号 |
|---|---|---|---|
| まる | 。 | かぎかっこ | 「 |
| くとうてん | 、 | かぎかっことじ | 」 |
| しゃーぷ | # | いこーる | = |
| どるまーく | $ | ぷらす | + |
| えんまーく | \ | まいなす | - |
| ぱーせんと | % | かける | × |
| すらっしゅ | / | わるまーく | ÷ |
| はいふん | - | ころん | : |
| あんど | & | せみころん | ; |
| あっとまーく | @ | だいなり | > |
| くえすちょん | ? | しょうなり | < |
| かっこ | ( | こめじるし | ※ |
| かっことじ | ) | やじるし | → |

> **ポイント**
> **全角文字と英数文字の入力**
> 一部の記号は、入力モードが[ひらがな]か[英数]かによって、全角文字もしくは英数文字(半角文字)で入力されます。

### 2 音声入力の各種設定

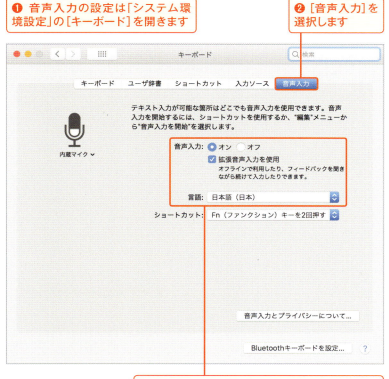

❶ 音声入力の設定は「システム環境設定」の[キーボード]を開きます

❷ [音声入力]を選択します

❸ 音声入力のオン・オフや、言語が変更できます

# Chapter 2 [iCloud]
# iCloudを活用してデータを連携しよう

iCloud（アイクラウド）のアカウントは無料で取得できます。「icloud.com」のメールアドレスが取得できるほか、アプリの設定などがiCloud経由で他のMac、iPhone、iPadなどと同期されます。

## ▼ iCloudアカウントを取得する

### 1 Apple IDを作成する

● 「システム環境設定」の[iCloud]を開くと、iCloudのサインイン画面が表示されます。

❶ Apple IDを取得していない場合は[Apple IDを作成]をクリックし、

❷ 指示に従って情報を入力していきます

#### ポイント
**Apple IDを取得済みの場合**

既にApple IDを取得している場合は、Apple IDとパスワードを入力し、[サインイン]をクリックしてログインしましょう。

❸ 持っているメールアドレスを使うにはここに入力

❹ ここをクリックすると無料のアドレスを取得できます

### 2 電話番号を指定する

❺ SMSメッセージの受信または音声通話できる電話番号を入力し、

#### ポイント
**選択した方法で確認コードが届く**

❻で選択した方法で確認コードが届くのでチェックしましょう。図のようにSMSを選択した場合は、電話番号のSMSメッセージ宛てに確認コードが送られてきます。

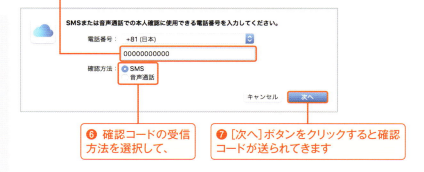

❻ 確認コードの受信方法を選択して、

❼ [次へ]ボタンをクリックすると確認コードが送られてきます

094

## 3 確認コードを入力する

### ポイント
**確認コードの役割は？**
電話番号宛に送られる確認コードを使って本人確認することで、不正アクセスの防止を図っています。

❽ 届いた確認コードをここに入力すると、自動的に画面が切り替わります

## 4 規約に同意する

❾ 規約が表示されるので内容を確認し、

### ポイント
**Macのパスワードを求められた場合**
iCloudの設定に伴い、Macのロック解除用のパスワードが求められた場合は、画面のメッセージを確認して入力しましょう。

❿ ここにチェックを付けて、　⓫ [同意する]をクリックします

## 5 利用の仕方を指定する

### ポイント
**iCloudキーチェーンとは**
Macの設定によっては、iCloudキーチェーンの設定が求められる場合もあります。画面の指示を読み、パスワードなど必要な情報を入力しましょう。なお、iCloudキーチェーンとは、さまざまなパスワードを記憶し、各種サービスなどへのログインの手間を省くキーチェーン機能をiCloud経由で共有し、MacやiPhoneなど複数のデバイスで利用するための機能です。

連絡先、カレンダー、SafariなどアプリケーションがiCloudを利用するのを許可します

Macの位置情報を利用するのを許可します

⓬ アカウントが設定されたら、利用の仕方を指定します。ここではチェックを付けたままでかまいません

⓭ [次へ]ボタンをクリックします

## ▼ iCloudの内容を確認する

### 1 iCloudの基本設定

● 設定が終わるとiCloudの環境設定が表示されます。各設定でどのように利用できるか見てみましょう。

**ポイント**
**チェックの形が違う場合**
図の[写真]のようにチェックの形が違う場合、同期する項目としない項目が混在しています。[オプション]ボタンをクリックすると、詳細を確認できます。

チェックが入っている項目がiCloudで同期されます

### 2 メールサービスの設定

● 手順1で[メール]にチェックが入っていると、icloud.comのメールアドレスが有効になり、メールでの送受信が可能になります。

「メール」アプリの[環境設定]→[アカウント]にiCloudのアカウントが追加されています

### 3 連絡先・カレンダー・リマインダー・メモを他のデバイスで利用

● 手順1で[連絡先][カレンダー][リマインダー][メモ]にチェックが入っていると、Mac上で作成したデータがiCloudにアップロードされ、他の端末でも利用可能になります。既にiPhoneなどで同期されている場合は、データが結合されます。

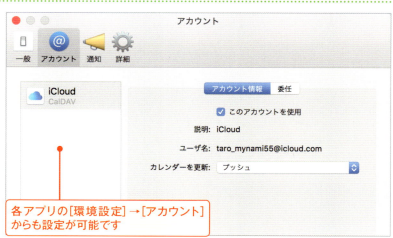

各アプリの[環境設定]→[アカウント]からも設定が可能です

## 4 Safariのブックマークの同期とiCloudタブの共有

● 手順1で[Safari]にチェックを入れると、ブックマークが同期されるだけでなく、MacやiPhone、iPadなどで開いているタブ画面を共有する「iCloudタブ」が共有されます。

❶ ここをクリックしてすべてのタブを表示すると、

❷ iCloudタブで他の機器で開いているタブを共有できます

❸ 同期しているiPhoneなどでSafariを使用すると、Dockにこのようにアイコンが表示され、クリックするとiPhoneのSafariで見ている(一番手前にあるタブ)Webページが開きます

### iCloudタブとは

iCloudタブはMacのSafariで見ているWebサイトを別のMac、iPhone、iPadなどでそのまま閲覧できる機能です。例えば自宅のMacで見ているWebサイトの続きを外出時にiPhoneで開くことができます。

## 5 「写真」で写真を共有

● 手順1で[写真]の[オプション]→[マイフォトストリーム]にチェックが入っていると、iPhoneで撮影した写真や「写真」アプリに保存された写真を共有する「フォトストリーム」機能が利用できます。また「iCloud写真共有」機能によって、指定した相手と写真を共有することが可能です。

iCloudを利用して写真を共有可能になります

Chapter 2 Macの基本操作をマスター!

### 6 書類とデータを保存する

● 手順1で[iCloud Drive]にチェックが入っていると、利用したアプリによってはiCloud上にファイルを保存し、他のMacやiPhone、iPadなど別の環境で同じファイルを利用できるようになります。対応しているアプリは手順1の[iCloud Drive]で[オプション]をクリックした図の画像で確認できます。

チェックの入ったソフトのファイルがiCloud Driveに保存されます

### 7 [どこでもMy Mac]と[Macを探す]

● [どこでもMy Mac]が有効だと、離れたところにあるMacにインターネット経由でアクセスし、ファイルを取り出したりなどの操作が行えます。[Macを探す]にチェックが入っていると、位置情報を利用してMacの位置を表示できます。

### ポイント Macの空き容量を確保できる「Optimized Storage」とは

「Optimized Storage」(オプティマイズドストレージ)機能を使うと、Macの空き容量の減少にともない、使用頻度の高い項目をiCloudに保存する、不要なデータを削除するなどして自動的に要領を確保してくれます。「Optimized storage」のオンオフは、[システム環境設定]から[iCloud]を開き、[iCloud Drive]の[オプション]ボタンをクリックした図の画面で設定できます。一度設定を確認しておきましょう。

「Optimized Sorage」を利用するには、[Macストレージを最適化]にチェックを付けます

098

## Webサイトでも見られる！iCloud.comを利用する

### 1 iCloud.comにアクセスする

●「iCloud.com」(https://www.icloud.com/) は、iCloudの機能を利用できるWebサイトです。Windowsからでも利用できます。

❶「https://www.icloud.com/」にアクセスします

❷ iCloudに設定したApple IDでアクセスすると、各機能がアイコン表示されます

### 2 メールやカレンダーを使う

**ポイント Pages・Numbers・Keynoteも利用できる**

手順1の図でそれぞれのアイコンをクリックすると、Pages・Numbers・Keynoteの機能がほぼそのまま利用できます。MacからiCloud Driveに保存したPagesなどの書類をWebサイト上で編集できます。

❸ [メール]をクリックすると、iCloud.comアカウント宛のメールの送受信が可能です

❹ [カレンダー]ではデスクトップやiPhoneで使っている予定が表示されます

❺ 日にちをダブルクリックして予定を入力できます

**ポイント 他のインターネットアカウントでも利用できる**

「システム環境設定」の[インターネットアカウント]で設定されたアカウントの中には、iCloudと同じようにメールや連絡先、カレンダーを同期できるものがあります。その際、アカウントごとに異なる連絡先情報を使っている場合に同期を行うと、内容がまとめられて混乱する恐れがあるので注意しましょう。

Googleアカウントはメールや連絡先などのデータを同期してMac上で利用できます

# [新規フォルダ]
## Chapter 2 新規フォルダを作ってみよう

ファイルはフォルダにまとめて管理すると便利です。プライベート用、仕事用、趣味用…内容やジャンルごとにフォルダを作り、整理しておけば、必要なファイルがすぐに探せます。

## ▼ 新規フォルダを作ってファイルを入れてみよう

### 1 新規フォルダを作る

● ホームフォルダの[書類]フォルダに新規フォルダを作ってみましょう。[書類]フォルダを開き、ウインドウをクリックして前面に表示します。

❶ [ファイル]メニューから[新規フォルダ]を選択すると、

❷ [書類]フォルダ内に[名称未設定フォルダ]という名前の新規フォルダができます

### ポイント 新規フォルダの作り方いろいろ

新規フォルダの作り方にもいろいろな方法が用意されています。もっとも基本的な方法は[ファイル]メニューから[新規フォルダ]を選ぶ方法ですが、右に紹介するショートカット(キーの組み合わせ)で作成する方法や、コンテキストメニュー([control]キー+クリックで表示)で作成する方法も覚えておくと便利です。

❶ フォルダを作りたい場所で、[shift]キーと[⌘]キーを押しながら、[N]キーを押します。
❷ [control]キーを押しながらフォルダを作りたい場所でクリックします。すると「コンテキストメニュー」と呼ばれるメニューが表示されます。ここにある[新規フォルダ]を選択します。右クリックを設定している場合は右クリック操作でもOKです。

## 2 新規フォルダに名前を付ける

❸ フォルダを作った直後は[名称未設定フォルダ]という名前で、フォルダ名の部分が選択状態になっています

❹ そのままキーボードから入力すれば名前が付けられます

---

## 3 フォルダにファイルを入れる

❺ 新しく作ったフォルダにファイルを入れてみましょう

❼ フォルダをダブルクリックして開いている状態です

❻ ファイルをフォルダにドラッグ＆ドロップします

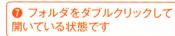

❽ ファイルが中に入っていることが確認できます

---

## ▼ ファイルをコピー&ペーストで移動する

### 1 フォルダにファイルを入れる

● ファイルの移動にコピーとペーストを使うこともできます。ここでは「書籍紹介」というファイルを「原稿」というフォルダにコピーしてみます。

**ポイント**

**[〜を]の部分は変わる**

ここでは["書籍紹介"をコピー]となっていますが、[〜を]の部分は選択したファイル名やファイルの数によって変わります。

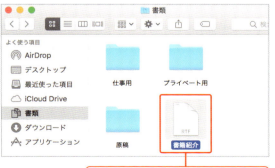

❶ コピーするファイルを選択します

❷ [編集]メニューにある[〜をコピー]を選択します

Chapter 2　新規フォルダ

**Chapter 2　Macの基本操作をマスター！**

### 2 ファイルをペーストする

❸「原稿」フォルダを開いたら、[編集]メニューから[項目をペースト]を選択します

### 3 先程コピーしたファイルがペーストされた

● コピー&ペーストはあくまでも「コピー」なので元データはそのまま残っています

❹ ファイルがペーストされました

---

### ポイント　アイコンでコピー経過がわかる

ファイルやフォルダをコピーなどした際、どこまで処理が進んだかは、プログレスバーというブルーの棒グラフが経過を示してくれます。コピー先のフォルダがアイコン表示であれば、アイコンそのものにプログレスバーが表示され、進み具合が見て取れます。なお、リスト表示などでは、右下図のように表示方法が変化します。

## ▼ 一度に複数のファイルやフォルダを選択する

### 1 囲むようにドラッグして選択する

❶ ファイルやフォルダをドラッグして選択します

### 2 ⌘キーを押しながらクリックして選択する

**ポイント　間違って選択してしまったら**

間違ったファイルやフォルダをクリックしてしまった場合は、⌘キーを押したまま再度クリックしてください。なお、最初に1つのファイルやフォルダをクリックして選択し、続けて⌘キーを押しながらドラッグしても選択アイテムを追加できます。

❷ ⌘キーを押しながらクリックすると複数のファイルやフォルダを選択できます

### 3 shiftキーを押して選択する

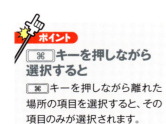

**ポイント　⌘キーを押しながら選択すると**

⌘キーを押しながら離れた場所の項目を選択すると、その項目のみが選択されます。

❸ shiftキーを押しながらクリックしても、複数のファイルやフォルダを選択することができます。最初にクリックします

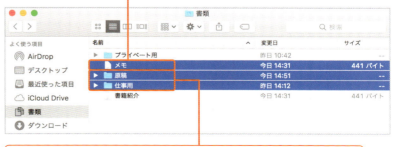

❹ 続いてshiftキーを押しながらクリックすると、その間にあるすべてのファイルやフォルダが選択できます

# Chapter 2 ［タグ］ ファイルをタグで管理してみよう

ファイルやフォルダに「タグ」と呼ばれるキーワードを付けられます。タグを使えば、いろいろな場所に散らばっているファイルやフォルダを簡単に検索できます。

## ▼ タグを付ける方法を覚えよう

### 1 タグを付ける

❶ ファイルやフォルダを選択した状態で、Finderウインドウのツールバーにあるタグボタンをクリックし、

❷ 表示されるタグをクリックすると、

❸ ここに追加されます

#### ポイント
**タグは追加できる**

新しいタグを作りたいときは、図の❷で既存のタグを選択せずに、上部の入力欄に作りたいタブの名前を入力しましょう。すると新しいタブが作成されると同時に選択しているファイルに設定されます。追加したタグは初期設定では無色ですが、色の設定もできます（次ページコラム参照）。

❹ ファイルやフォルダの名前の先頭にタグが表示されます

### 2 他にもあるタグの付け方

#### ポイント
**タグを削除するには**

設定したタグを削除するには、上図❸に表示されているタグを delete キーで削除するか、右図❻の［タグ］で対象のタグをクリックします。

❺「テキストエディット」のようなタグをサポートしているソフトでは、書類を保存する時にタグが指定できます

❻ コンテクストメニュー（ control キー＋クリックで表示）からもタグを設定できます

## ▼ 付けたタグを活用しよう

### 1 Finderでタグの付いたファイルやフォルダを表示する

❶ Finderウインドウのサイドバーにあるタグをクリックすると、

❷ 該当するタグのファイルやフォルダが表示されます

**ポイント　保存場所が違ってもOK**
同じタグが設定されていれば、別のフォルダに保存されているファイルでも、右の要領でまとめて表示できます。

### 2 よく使うタグをFinderメニューに登録しよう

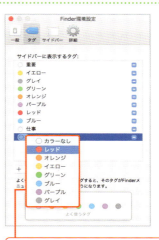

❸ [Finder]メニューから[環境設定]を選択して、[タグ]をクリックします

❹ Finderメニューに表示したいタグを下部にあるエリアにドラッグします

❺ タグのカラー部分をクリックすると、タグの色を変えられます

**ポイント　名前や色を変える**
サイドバーのタグを control キーを押しながらクリックし、表示されるメニューで["タグ名"を名称変更]を選択するとタグ名を変更できます。またこのメニューで色を選ぶと、色の変更も可能です。

### 3 サイドバーの表示順を変更する

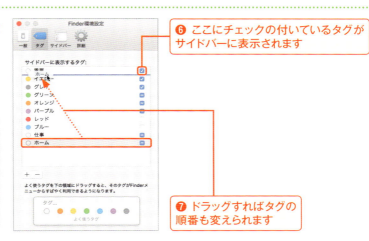

❻ ここにチェックの付いているタグがサイドバーに表示されます

❼ ドラッグすればタグの順番も変えられます

**ポイント　サイドバーからの削除は？**
サイドバーからの削除は、サイドバーのタグを control キー＋クリックし、コンテキストメニューを表示して行えます。

Chapter 2 Macの基本操作をマスター！

## Chapter 2 ［ゴミ箱］ ゴミ箱を使いこなそう

Dockの中にある「ゴミ箱」は、いらなくなったファイルやフォルダなどを捨てるための場所です。ここではファイルの削除の仕方を中心にゴミ箱の持つ役割と使い方を見ていきましょう。

### ▼ いらないファイルを削除する

**1 [ゴミ箱]にファイルを入れる**

❶ 不要になったファイルをDockの中の[ゴミ箱]アイコンにドラッグ＆ドロップします

❷ データが入ると[ゴミ箱]アイコンにゴミが表示されます

**2 ゴミ箱を空にする**

❸ ゴミ箱の中からもファイルを削除するには[Finder]メニューから[ゴミ箱を空にする]を選択します

❹ [ゴミ箱を空にする]ボタンをクリックします

❺ ファイルが消去され、ゴミ箱は空の状態のアイコンに戻ります

**ポイント**
**ファイルが完全に削除される**

ゴミ箱内のファイルを削除してしまうと、基本的にデータは元に戻せません。よく注意して操作を実行しましょう。

106

## ファイルの削除をやめる

### 1 ゴミ箱内のファイルを表示する

● ファイルやフォルダはゴミ箱に入れただけでは削除されません。[ゴミ箱を空にする]を実行しなければ（前ページ参照）、ファイルを戻せます。

❶ [ゴミ箱]アイコンをクリックすると、[ゴミ箱]に入っているファイルやフォルダが表示されます

### 2 ファイルをゴミ箱の外に出す

❷ 削除をやめるファイルをこのウインドウから外へドラッグして出せばOKです

---

### ポイント ゴミ箱の操作を楽にする2つのショートカット

いらなくなったファイルをゴミ箱に入れる時の簡単な方法と、間違ってゴミ箱に入れてしまったファイルを元に戻す操作は使う機会が多いでしょう。それらはショートカットを使うと簡単に実行できます。

#### ⌘キー+deleteキーで「ゴミ箱」に移動

ファイルを選択して⌘キーを押しながらdeleteキーを押すと、ファイルがゴミ箱の中に入ります。

#### ⌘キー+Zキーで元に戻す

⌘キー+Zキーを押すと、直前に行った操作を1回だけ元に戻すことができます。ゴミ箱にファイルを入れた直後であれば、元の場所に戻せます。

## ポイント ゴミ箱に入れず直接ファイルを削除する

前のページで紹介した通り、ゴミ箱に入れたファイルは「ゴミ箱を空にする」操作をするまではMacの中に残っています。誤って捨ててしまったファイルを元に戻せるなどの利点があるシステムですが、二度と使うことのないファイルの場合、すぐに削除が完了した方が便利なこともあります。そんなときは [option] キーを押しながらメニューを表示し、[すぐに削除] を選択すると、ゴミ箱には入らずにすぐにファイルが削除されます。なお、[すぐに削除] を行ったファイルは元には戻せませんので、利用する際は慎重に行いましょう。

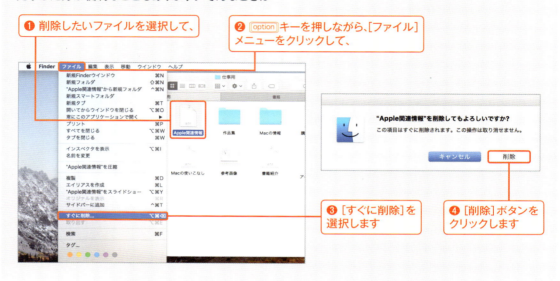

❶ 削除したいファイルを選択して、
❷ [option] キーを押しながら、[ファイル] メニューをクリックして、
❸ [すぐに削除] を選択します
❹ [削除] ボタンをクリックします

## ポイント USBメモリやSDカードを取り出せる

ゴミ箱はUSBメモリやSDカード、さらに外付けのハードディスクなどを安全に取り外す際にも使います。デスクトップ上に表示されているUSBメモリなどのアイコンをドラッグし始めると❶、Dockのゴミ箱アイコンが取り外しアイコンに変わります❷。そのまま取り外しアイコンに重ねてドロップするとUSBメモリなどを取り外せます❸。もちろん中のデータが削除されることはありません。

❶ USBメモリのアイコンをドラッグします
❷ ゴミ箱が取り外しアイコンに変わります
❸ USBメモリのアイコンを取り外しアイコンに重ねてドロップします

# Chapter 3
# インターネットを徹底活用しよう

| | |
|---|---|
| 110 | インターネットに接続する |
| 114 | SafariでWebページを見よう |
| 116 | 複数のWebページを閲覧してみよう |
| 118 | ブックマークを活用しよう |
| 124 | 履歴を活用しよう |
| 126 | Safariのツールバーを使いこなそう |
| 128 | Webサイトに簡単にアクセスする方法を覚えよう |
| 130 | ファイルをダウンロード、解凍・圧縮してみよう |
| 132 | メールの基本操作を覚えよう |
| 134 | メールを作成・送信しよう |
| 138 | メールを受信しよう |
| 140 | メールを返信・転送してみよう |
| 142 | メールにファイルを添付して送ってみよう |
| 144 | メールを整理整頓しよう |
| 148 | メールをより便利に活用しよう |
| 152 | Safariやメールでタッチバーを使おう |

Chapter 3 インターネットを徹底活用しよう

Chapter 3

[インターネット接続]
# インターネットに接続する

セットアップ時にインターネット接続の設定を行いましたが、正しく接続できない場合はどうすればいいでしょうか。ここではプロバイダ情報などをどのように設定するかを解説しましょう。

## ▼ インターネット接続を行おう

### 1 「システム環境設定」を開く

● ネットワーク接続の設定は「システム環境設定」から行います。

❶ アップルメニューから[システム環境設定]を選択するか、

❷ Dockにある[システム環境設定]アイコンをクリックします

**ポイント**
**MacBookでの有線接続**
Ethernetポートを備えていないMacBookの場合、有線接続でインターネットを利用するにはUSBもしくはThunderbolt接続のEthernetアダプタなどを用意します。

### 2 [ネットワーク]を開く

**ポイント**
**複数の機器をつなぐには**
複数台のコンピュータやその他のゲーム機器などを同時に接続したい場合は、ルータと呼ばれる機器を使い、LAN(ラン：ローカルエリアネットワーク)を構築するとよいでしょう。

❸ 「システム環境設定」のウインドウが開くので[ネットワーク]をクリックします

## 3 接続情報をチェックする

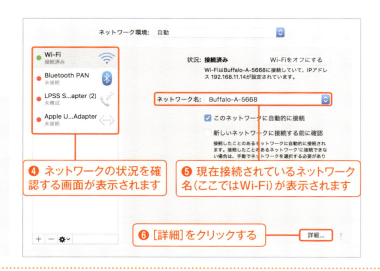

**ポイント　すべての接続情報が表示される**

図ではWi-Fiが使用中であることを示しています。Ethernet、外付けモデムなど他の接続についての情報もここに表示され、接続のオンとオフを切り替えることができます。

❹ ネットワークの状況を確認する画面が表示されます

❺ 現在接続されているネットワーク名（ここではWi-Fi）が表示されます

❻ [詳細]をクリックする

## 4 詳細設定をチェックする

● 前の画面で右下の[詳細]ボタンをクリックすると、ネットワークサービスの詳細項目が確認できます。

❼ [Wi-Fi]タブをクリックすると、

❽ これまで使ったことのあるネットワーク名がリストアップされています

❾ ネットワーク名をドラッグして優先順位を変えられます

### ポイント　インターネットにつながらなくなったら

手順3の画面で接続がオフになっている場合は、オンにするためのボタン（Wi-Fiの場合は図の[Wi-Fiをオンにする]）をクリックしてみましょう。ただし、接続のトラブルは、こうした対処では解決できない場合も少なくありません。接続に関して困ったら、利用しているプロバイダ（インターネット接続を提供しているサービス）に問い合わせてみるのが確実です。

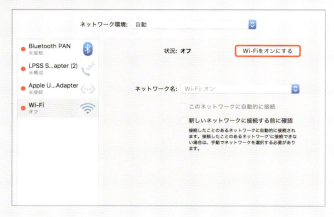

Chapter 3　インターネット接続

111

## ▼ Wi-Fiネットワークに接続する

### 1 ネットワーク名を選択する

❶ MacをWi-Fiネットワークに接続するには、メニューバーのWi-Fiアイコンをクリックして、

❷ 目的のネットワーク名を選択します

### 2 パスワードを入力する

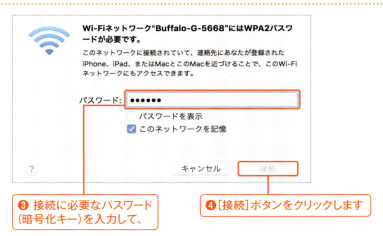

❸ 接続に必要なパスワード（暗号化キー）を入力して、

❹ [接続]ボタンをクリックします

### 3 電波状況を確認する

● MacがWi-Fiネットワークに正しく接続されると、メニューバーのWi-Fiアイコンのラインが黒くなります。このアイコンは電波状況を示しています。ラインの数が少ないときは、電波が少し弱い状態です。

❺ Wi-Fiがオフの状態です

❻ Wi-Fiの電波がオンの状態です

## 屋外のWi-Fiスポットを利用してみよう

### 1 Wi-Fiサービスに接続する

● 店やカフェなどで利用可能なWi-Fiネットワークが提供されていれば、Macを接続できます。ここではスターバックスコーヒー店を例に解説しましょう。

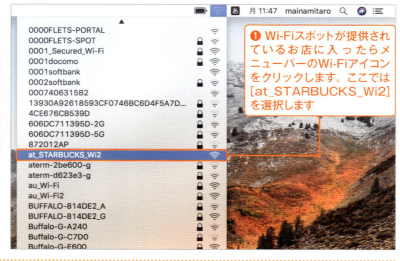

❶ Wi-Fiスポットが提供されているお店に入ったらメニューバーのWi-Fiアイコンをクリックします。ここでは[at_STARBUCKS_Wi2]を選択します

### 2 [インターネットに接続]をクリックする

❷ Safariを起動すると、スターバックスの無料Wi-FiのWebページが表示されるので、

❸ [インターネットに接続]をクリックします

**ポイント　図のWebページが表示されない場合**

Safariを起動しても図のWebページが表示されないときは、アドレスバーにURLアドレス（https://service.wi2.ne.jp/wi2auth/at_STARBUCKS_Wi2/index.html）を入力して表示させましょう。

### 3 規約に同意する

❹ 利用規約が表示されるので[同意する]をクリックすると、

❺ スターバックスの無料Wi-Fiを使ってインターネットが利用可能になります

**ポイント　接続方法はそれぞれ**

無料Wi-Fiへの接続方法は、提供している店や企業により異なります。アカウント登録などが必要な場合もあるので、手順2の時点で表示される画面の指示に従いましょう。

Chapter 3 インターネットを徹底活用しよう

## ［Safari］
# Chapter 3 SafariでWebページを見よう

Macを使ってWebページを見てみましょう。その際は「Web（ウェブ）ブラウザ」と呼ばれる専用のソフトを使います。Macには「Safari（サファリ）」というWebブラウザが付属しています。

## 1 Safariを起動する

❶ Dockの［Safari］アイコンをクリックして起動します

### ポイント
**DockにSafariのアイコンがないときは**

DockにSafariのアイコンが表示されていないときは、P.066の要領でLaunchpadを開き、その中にあるSafariアイコンをクリックします。

## 2 Safariが起動した

❷ Safariが起動して、「お気に入り」画面が表示されました。あらかじめいくつかのサイトがボタン状に並んでいます

❸ ここでは左上の［Apple］ボタンをクリックして、アップルのWebサイトを表示します

### ポイント
**ビデオの自動再生は初期設定でオフに**

Safariでは、Webサイト内にあるサウンド付きビデオの自動再生が、初期設定でオフになっています。サウンド付きビデオを再生したいときは、ビデオ上に表示されている再生用ボタンをクリックすれば再生できます。

❹ サイドバーが表示されているときはここをクリックして閉じられます

114

## 3 URLを入力する

❺ 他のページを見たいときは、アドレスボックスにURL（そのサイトの住所）を入力して[return]キーを押します

### ポイント
**「http://」は省略できる**

例えば「マイナビBOOKS」のURLは「http://book.mynavi.jp」ですが、「http://」は省略できるので「book.mynavi.jp」でOKです。

## 4 他のページに接続された

❻ これで他のページが表示されます

## 5 別のページに移動する

❼ Webサイトのページ上には、クリックすると別のページやサイトに切り替わる「リンク」があります

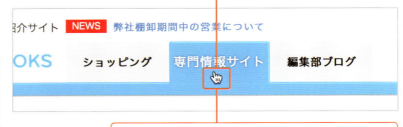

❽ リンク上にポインタを重ねるとポインタの形が変わり、クリックするとリンク先のページが表示されます

### ポイント
**Webサイトごとに拡大・縮小を設定できる**

Safariでは、Webサイトごとの拡大・縮小レベルを保存できます。対象のWebサイトを開き、[Safari]メニューから[環境設定]を選択して、[ページの拡大/縮小]をクリックします。開いているWebページの一覧と、それぞれの拡大・縮小レベルが表示されているので、目当てのWebサイトを選び、レベルを選択しましょう。Webサイトを見るたびに拡大表示するという不便を解消できます。

❾ 元のページに戻りたい時は[前のページ]ボタンを

❿ 再びリンクのページを見たい時は[次のページ]ボタンをクリックします

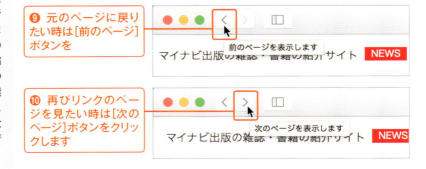

Chapter 3 Safari

Chapter 3 インターネットを徹底活用しよう

## Chapter 3 ［タブブラウズ］
# 複数のWebページを閲覧してみよう

Safariには「タブブラウズ」という機能があります。これは新しいページをウインドウではなく「タブ」を使って開く機能で、1つのウインドウで複数のWebページを開くことができます。

### 1 タブを新しく開く

**ポイント**
**その他のタブの追加方法**
［ファイル］メニューから［新規］タブを選択、または⌘キー＋Tキーを押してもタブを追加できます。

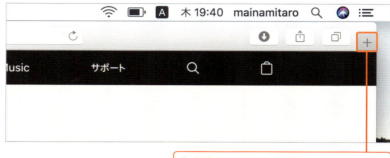

❶ ［＋］ボタンを押して新規タブを開きます

### 2 タブが追加された

**ポイント**
**不要なタブを閉じるには**
タブにポインタを合わせて左端に表示される×印をクリックすると、不要なタブを閉じられます。

❷ ブックマークバーの下に新しいバーが表示されました。これが「タブ」です

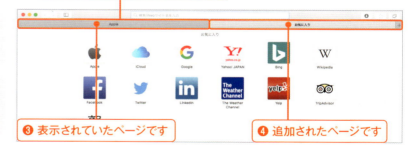

❸ 表示されていたページです　　❹ 追加されたページです

### 3 タブに読み込んで切り替える

● 新しいタブにWebページ（ここでは「マイナビブックス」）を読み込んでみました

❺ 新しいタブにWebページを読み込んでみました

❻ ウインドウは1つですが、タブを使うことで2つのページが読み込まれたことになります

❼ クリックでタブを切り替えます

## 4 リンクを新しいタブで開く

❽ リンクを新しいタブで開くには control キーを押しながらクリックし、

❾ 表示されるメニューから[リンクを新規タブで開く]を選択します

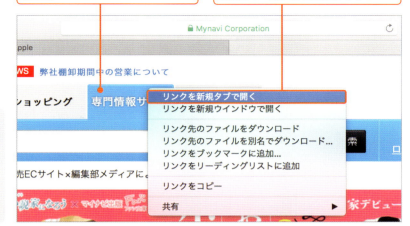

**ポイント 新しいタブで開く別の方法**

⌘キーを押しながらリンクをクリックすることでも開けます。

## 5 すべてのタブを表示する

❿ ツールバーの右端にある四角が重なったボタンをクリックすると、

⓫ タブで開かれているWebページすべてがサムネイルで一画面内に表示されます

## 6 サムネイル(縮小された画面)からページを開く

⓬ サムネイルをクリックするとそのページが一画面で開きます

⓭ タブの上にある[×]ボタンをクリックするとタブを閉じます

# Chapter 3 ［ブックマーク］ ブックマークを活用しよう

よく見るWebページは「ブックマーク」に登録しておきましょう。後でまた閲覧したくなったときに便利です。ここではブックマークへの登録や整理方法について説明します。

## ▼ サイドバーを使ってみよう

### 1 サイドバーを開く

● 登録されたブックマークは「サイドバー」で確認できます。

❶ サイドバーボタンをクリックします

### 2 ブックマークを確認する

● サイドバー上でブックマークをクリックしても、Webページを表示できます。

❷ 画面の左側にサイドバーが表示されました

❸ 本の形のボタンをクリックすると、ブックマークの内容が確認できます

### 3 ブックマークを開く

● ブックマークを使ってWebページを表示するには、図のようにメニューを使う方法もあります。単にページを表示するだけなら、サイドバーを表示するよりこちらが便利です。

❹ ［ブックマーク］メニューからブックマークを選択するとWebページが表示されます

## ▼ Webページをブックマークに登録しよう

### 1 ブックマークに登録する

● 気に入ったページがあった時はブックマークに登録しておきましょう。

❶ ブックマークに登録したいページを表示します

❷ アドレスバーにある[共有]ボタンをクリックし、

❸ [ブックマークに追加]を選択します

### 2 保存先を指定する

**ポイント**

**追加したフォルダを選択できる**

ここでは初期設定のままにしていますが、次ページの要領でフォルダを作成した後は、ブックマークを保存するフォルダを選択できます。図の[お気に入り]部分をクリックして、保存先にしたいフォルダを選択しましょう。

❹ ダイアログが表示されたらページの追加先を指定します

❺ ブックマークの名前は編集できます。わかりにくいページ名の場合は変更しましょう

❻ クリックします

### 3 ブックマークが登録された

❼ ブックマークが登録されました。クリックするとページを開けます

## ブックマークを整理整頓しよう

### 1 ドラッグ&ドロップで整理する

● SafariでいろいろなWebページを見ているうちにブックマークが増えてきます。きちんと整理しておきましょう。

❶ ブックマークサイドバーに登録されているブックマークは、ドラッグ&ドロップで順序を変えられます

### 2 フォルダを追加する

● フォルダを作成してブックマークを整理することができます。

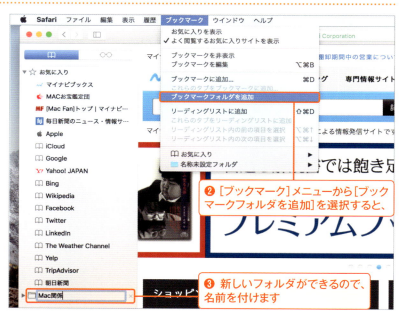

❷ [ブックマーク]メニューから[ブックマークフォルダを追加]を選択すると、

❸ 新しいフォルダができるので、名前を付けます

### 3 ブックマークをフォルダに移動する

**ポイント フォルダも移動できる**
作成したフォルダも手順1の要領で順番を移動できます。図は、わかりやすいようフォルダを上の方に移動した状態です。

❹ ドラッグ&ドロップ操作でブックマークをフォルダの中に移動できます

## ブックマークを検索する

### 1 ブックマークを検索する

CHECK!
検索ボックスが見えないときは、下にスライドすると表示されます

❶ ブックマークをどのフォルダに登録したかわからなくなってしまったときは、サイドバー上部にある検索ボックスを利用しましょう

❷ 探したいブックマークに関連する言葉を入力します

❸ ブックマークが検索され、クリックで表示できます

### ポイント iCloudを使えば同じブックマークが使える

複数のMacを使っている環境では、それぞれのMacでブックマークの内容が違っているとなにかと不便です。かといってブックマークに登録するたびに、もう一方のMacにも同じブックマークを追加するのは面倒です。そのようなときは、iCloudを使ってみましょう。「システム環境設定」の［iCloud］を開いてサインインしたら、［Safari］にチェックを入れます。たったこれだけで、同じアカウントを使っているMacではSafariのブックマークを同期して同じ内容にしてくれます。iCloudについてはP.094で詳しく解説しているので、そちらも参照してください。

## お気に入りバーを使いこなそう

Chapter 3 インターネットを徹底活用しよう

### 1 お気に入りバーを表示する

● 「お気に入りバー」を表示しておくと、「お気に入り」フォルダの内容をSafari画面の上部に表示できます。

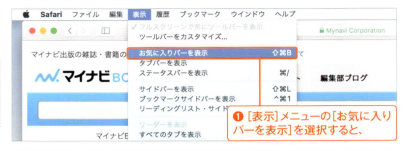

❶ [表示]メニューの[お気に入りバーを表示]を選択すると、

❷ お気に入りバーが表示されます

### 2 表示中のWebページをお気に入りバーに登録する

❸ アドレスと検索フィールドに表示しているWebサイトのアドレス（または名称）をお気に入りバーにドロップすると登録できます

❹ 長押しすると名前を変更できます

### 3 サイドバーでも編集できる

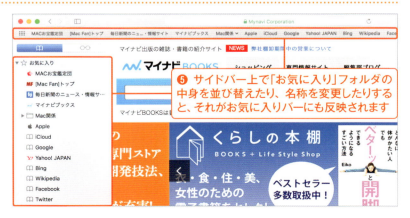

❺ サイドバー上で「お気に入り」フォルダの中身を並び替えたり、名称を変更したりすると、それがお気に入りバーにも反映されます

## 4 フォルダも登録できる

● お気に入りバーにはフォルダも作成できます。作り方はP.120のとおりです。

❻ サイドバーで作成したフォルダに2つのブックマークを入れています

❼ お気に入りバーにもフォルダが表示されます

## 5 フォルダ内のブックマークを表示する

❽ フォルダをクリックすると、

❾ 中のブックマークが選択できます

## 6 ブックマークを削除する

● サイドバーでも❿と同じ要領でブックマークを削除できます。

❿ ブックマークを削除するには、項目を[control]キーを押しながらクリックし、[削除]を選択します

⓫ お気に入りバーのエリアから外にドラッグしても削除できます

# Chapter 3 履歴を活用しよう
[Top Sites]

Safariは過去に訪れたWebサイトのURLを「履歴」として記録しています。ここでは履歴の使い方と、履歴の削除の仕方の両方を覚えておきましょう。

## ▼ 履歴を表示するには

### 1 [履歴]メニューを確認する

● Safariの[履歴]メニューを見てみましょう。

**CHECK!** クリックしてWebページを表示できる

❶ これまでに訪れたページがリスト化されています

❷ 古いものは日付ごとにまとめられ、サブフォルダに入っています

### 2 履歴一覧をチェックする

❸ [履歴]メニューから[すべての履歴を表示]を選択すると、履歴の一覧が表示できます

**ポイント アドレスも表示してくれる**

履歴の一覧では、サイト名だけでなく、アドレスも一緒に表示してくれます。

## 履歴を消去には

### 1 [履歴を消去]を選択する

公共の場で他者と共有するMacを使用したなど、自身のWebページ閲覧履歴を消去したいときも簡単に消去できます。

❶ [履歴]メニューから[履歴を消去]を選択します

### 2 消去の対象を選択する

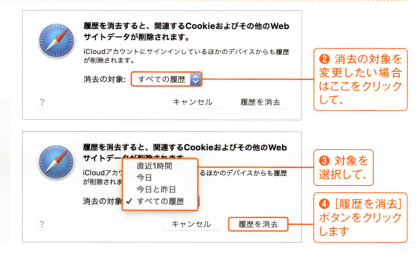

❷ 消去の対象を変更したい場合はここをクリックして、

❸ 対象を選択して、

❹ [履歴を消去]ボタンをクリックします

#### ポイント iCloudで履歴を共有している場合

iCloudで履歴を共有している場合、同じアカウントでサインインしているほかのデバイス(iPhoneなど)からも履歴が削除されます。

#### ポイント 履歴を自動削除するタイミングを変更できる

履歴のデータは、1年後に削除されるよう自動設定されています。このタイミングを変更するには、[Safari]メニューから[環境設定]を選択して表示し、[一般]にある[履歴からの削除]を設定し直しましょう。

[1週間後][1か月後]などに変更できます

Chapter 3 インターネットを徹底活用しよう

## Chapter 3 ［ツールバー］ Safariのツールバーを使いこなそう

Safariのツールバーは非常にシンプルですが、共有ボタンは複数の機能を備えているうえ、ほかのボタンを追加することもできます。基本機能とカスタマイズの仕方を見てみましょう。

### ▼ Safariのツールバーを理解する

#### 1 各種ボタンをチェックする

● Safariの「ツールバー」には全体の動作を司るさまざまなボタンが用意されています。ここでは各ボタンの機能を確認しておきましょう。

［戻る］ボタン　　URL入力＆検索フィールド　　［共有］ボタン
［進む］ボタン　　サイドバーボタン　　すべてのタブを表示ボタン

❶ ボタンの役割がわからなくなったら、ボタンにポインタを合わせると、説明が表示されます

#### 2 ボタンの便利な機能を覚える

❷ ［戻る］［進む］ボタンをプレスし続けると、

❸ それまでに訪れたサイトの一覧が表示されます

## ツールバーをカスタマイズする

### 1 設定画面を起動する

● ツールバーは、ボタンを新しく加えたり、削除したりなど、自分の使いやすい状態にカスタマイズできます。

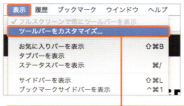

❶ [表示]メニューから[ツールバーをカスタマイズ]を選択するか、

❷ controlキーを押しながらツールバーの隙間をクリックします

### 2 ツールバーにボタンを追加する

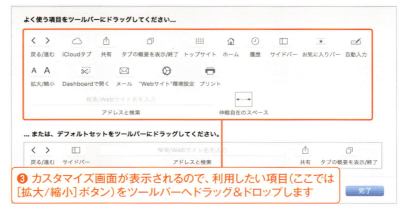

❸ カスタマイズ画面が表示されるので、利用したい項目(ここでは[拡大/縮小]ボタン)をツールバーへドラッグ&ドロップします

### 3 ツールボタンが追加された

❹ ツールボタン(ここでは[縮小/拡大]ボタン)が追加されました

### 4 ツールボタンを削除する

❺ 登録したツールを削除するには、カスタマイズ画面が表示された状態でツールアイコンを外にドラッグします

Chapter 3 インターネットを徹底活用しよう

## Chapter 3 [入力支援] Webサイトに簡単にアクセスする方法を覚えよう

SafariでWebページのURLや検索したい単語を入力する際、最初の数文字を入力するだけでブックマークライブラリ、Webサイトの履歴、検索の上位結果から候補を表示してくれます。

### ▼ アドレスバーの入力支援機能を使う

#### 1 URLや検索単語の最初の文字を入力

● ここでは「アップル」のWebページ「http://www.apple.com/jp/」を表示してみましょう。

❶ 最初の「www.a」を入力すると、
❷ 候補のサイトや検索したサイトが表示されます

#### 2 検索結果からWebページを選択

❸ さらに「p」「p」「l」「e」の文字を入力すると、

❹ 結果が絞り込まれ、検索結果からWebページを選ぶと、
❺ アドレスバーに続きのURLが自動入力されます

#### 3 目的のページが表示される

❻ [return]キーを押すと、Webページにアクセスできます

## ▼ 検索時に候補を表示する

### 1 検索サイトを使って検索しよう

● 単語やキーワードからページを探す場合も、同じようにアドレスバーの入力フィールドに検索語句を入れて行います。

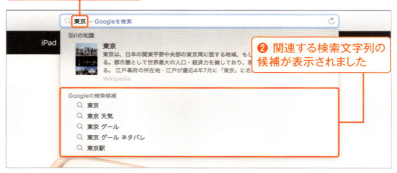

❶ 検索語句を入力します
❷ 関連する検索文字列の候補が表示されました

### 2 検索候補を選んで詳細検索する

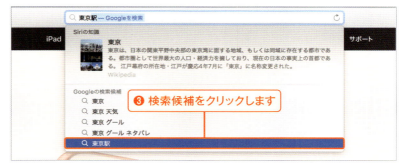

❸ 検索候補をクリックします

❹ 検索語句で検索が行われ、Googleによる検索結果が表示されます

**ポイント**
**Googleって何？**
「Google（グーグル）」とはインターネット上の文字を検索することができる巨大な検索サービスです。

### 3 検索結果を絞り込もう

**ポイント**
**キーワードの間にはスペースを入れる**
キーワードを追加する際は、キーワードの間をスペースで区切りましょう。例えば「東京駅　名物」といった具合です。

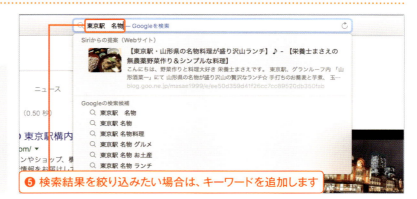

❺ 検索結果を絞り込みたい場合は、キーワードを追加します

Chapter 3 入力支援

## Chapter 3 [ダウンロード] ファイルをダウンロード、解凍・圧縮してみよう

Webサイトによっては、便利なソフトウェアやサンプルデータなどがダウンロードできます。ここではそうしたファイルをダウンロードする方法を解説しましょう。

### ▼ ファイルをダウンロードする

#### 1 iTunesをダウンロードしてみる

● ここでは「iTunes」のWebページ「http://www.apple.com/jp/itunes/download/」から、iTunesの最新版をダウンロードしてみます。

❶ [今すぐダウンロード]ボタンをクリックします

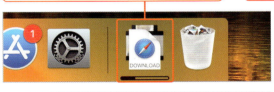

#### 2 ダウンロードを開始する

● iTunesについてはP.230で詳しく説明しています。

❷ ダウンロードが開始されると、アイコンが右下に飛び出し、[ダウンロード]フォルダにファイルが入ります

❸ Safariのツールバーに[ダウンロード]ボタンが現れるのでクリックすると、

❹ ファイルのダウンロード状況が表示されます

#### 3 ファイルを表示しよう

❺ ダウンロードされたファイルは[ダウンロード]フォルダに保存されます

## ▼ ファイルを解凍するには

### 1 圧縮ファイルをチェックする

● インターネットからダウンロードしたファイルは、圧縮されているものも多くあります。ファイルは圧縮したままだと使えないので、「解凍」して元の状態に戻す必要があります。

❶ ファイルの多くは「ZIP（ジップ）」形式で圧縮されており、「.zip」の拡張子が付いています

### 2 ファイルを解凍する

❷ 解凍する場合はファイルをダブルクリックします

❸ ZIP形式のデータは解凍され、フォルダが作られて、圧縮ファイル内のファイルが利用できるようになります

## ▼ ファイルを圧縮するには

### 1 ファイルを圧縮する

● Macにはファイルを圧縮する機能が付いています。圧縮することでデータが少し軽くなります。

❶ ファイルを圧縮する場合は、圧縮したいファイルを選択します

❷ [ファイル]メニューもしくはコンテクストメニュー（[control]キー＋クリックで表示）から[○○を圧縮]を選択します

❸ 「○○.zip」という名前の圧縮ファイルができます

Chapter 3 ダウンロード

131

Chapter 3 インターネットを徹底活用しよう

# ［メール］
# Chapter 3 メールの基本操作を覚えよう

メールを送受信するには「メール」というソフトを利用します。複数のメールアドレスを利用でき、写真を貼り付けたメールも作成できます。ここでは「メール」の設定方法を解説しましょう。

## ▼ メールを起動して画面をチェック

### 1 メールを起動する

❶ Dockにある［メール］アイコンをクリックして起動します

❷ 既にiCloudの設定を行っていれば、iCloud宛のメールが受信されます

❸ メール一覧を表示するエリアです

❹ 内容を表示するエリアです

❺ ［メールボックス］をクリックすると、

❻ メールボックスを一覧表示できます

### ポイント 各種ボタンをチェック

❶ ［受信］ボタン 新規メールを受信します。
❷ ［新規メッセージ］ボタン 新規メールを作成するためのウインドウが開きます。
❸ ［アーカイブ］ボタン メールを移動して受信フォルダから見えなくします。
❹ ［削除］ボタン 選択したメールを削除してメールボックスのゴミ箱に移動します。「ゴミ箱」メールボックス内のメールを選択してこのボタンをクリックすると、メールが完全に削除されます。
❺ ［迷惑メール］ボタン 選択したメールを迷惑メールに指定します。既に迷惑メールに指定されているメールを解除する場合もここをクリックします。
❻ ［返信］ボタン 選択したメールに返信するメールを作成します。返信メールにはデフォルトで受信メールの引用が含まれます。
❼ ［全員に返信］ボタン 自分と差出人以外に複数の人でやり取りされているメールであれば、ここをクリックして全員に返信するメールが作成できます。
❽ ［転送］ボタン 選択したメールを他のメールアドレスに転送するメールを作成します。
❾ ［フラグ］ボタン 選択したメールに7色のフラグを付けて分類することができます。
❿ ［メールボックス］ボタン 左端に隠れているメールボックスリストを表示します。複数アカウントでメールボックスを使い分けたいときに使います。
⓫ ［受信］ボタン アカウントに関係なく、すべての受信メールを表示します。
⓬ ［送信済み］ボタン アカウントに関係なく、すべての送信済みメールを表示します。
⓭ ［下書き］ボタン メールを下書きのまま保存していればここに表示されます。

132

## ▼ メールアカウントを追加する

### 1 設定画面を表示する

● 「メールアカウント」とは、メールで送受信を行うためのメールアドレスやパスワードなどの情報を指します。会社用、自宅用など複数のメールアドレスを使いたいときは、メールアドレスごとにメールアカウントを作成する必要があります。

❶ メニューバーの[メール]→[環境設定]を選択し、[アカウント]をクリックすると、

❷ 登録されているメールのアカウントが確認できます

❸ 他のメールアカウントを登録するには[+]ボタンをクリックします

### 2 メールアドレスの種類を選択する

● 図の画面に書かれた「メールアカウントのプロバイダ」とは、メールアカウントを提供しているサービスや企業のことです。たとえばGoogleの無料アドレスであれば図の[Google]を選びます。インターネット接続用のプロバイダや会社のメールアドレスなどの場合は、[その他のメールアカウント]を選びましょう。

❹ [iCloud]や[Google](Gmail)などは、選択して画面の指示に従って進めていけば登録できます

❺ 一覧にない場合は[その他のメールアカウントを追加]を選択し、送受信サーバなどを設定します

❻ [続ける]ボタンをクリックします

### 3 受信/送信サーバを設定する

● [その他のメールアカウントを追加]する場合には、サーバの設定などが必要です。プロバイダのメールアドレスの場合は、契約時の説明書などに記されていますので、確認の上入力していきましょう。

❼ [その他のメールアカウントを追加]を選んだ場合は、メールアドレスとパスワードを入力し、[サインイン]をクリックします

❽ 要求された場合はプロバイダの説明書通りにPOPまたはIMAPやSMTPの設定を行い、[サインイン]をクリックします

Chapter 3　インターネットを徹底活用しよう

[メール送信]

# Chapter 3 メールを作成・送信しよう

ここではメールを作成して送信するまでの手順を解説します。その際は試しに自分宛にメールを送信し、正しく受信できるか確認しておくとよいでしょう。

## ▼ メールを作成する

### 1 新規メッセージを作成する

● 自分宛にメールを送ってみて、きちんと受信できるかを確認してみましょう。

**ポイント**
**メニューから作成できる**
[ファイル]メニューの[新規メッセージ]を選択することでも作成できます。

❶ ツールバーの[新規メッセージ]ボタンをクリックします

### 2 メールアドレスを入力する

❷ 「新規メッセージ」ウインドウが開くので、[宛先]の入力欄にメールアドレスを入力するか、

❸ [+]ボタンをクリックして、

❹ 連絡先一覧から選択することもできます

### 3 件名と本文を入力する

❺ 今回は自分のメールアドレスを入力してテキストを送信してみます

❻ [宛先]に自分のメールアドレスを正しく入力します

❼ 件名を入力します

❽ 本文を入力します

## 途中で保存したい場合は

### 1 下書きとして保存できる

❶ 途中まで書いたメールをいったん保存するには閉じるボタンをクリックします

❷ 保存ダイアログが表示されるので、[保存]ボタンをクリックして保存します

Chapter 3 メール送信

**ポイント　保存したメールはどこに？**

保存したメールは[下書き]メールボックスに保存されています。続きを書きたくなったら[下書き]メールボックスを開きます。

**ポイント　メールの作成をiCloudデバイス間で引き継ぐ**

同じiCloudアカウントを使っているMacやiPhone、iPad間でメール作成を引き継ぐことができます。例えばiPhoneでメールを書いている途中で会社に戻ってきたら❶、作成中のメールがそのままMacに転送されます。Macの場合、Dockの左端にアイコンが表示され、これをクリックすることで❷、作業を引き継げます❸。

❷ Dock左端のアイコンをクリックします

❶ iPhoneで書きかけのメールです

❸ iPhoneで作成中のメールがMacに転送されて作業を引き継げます

Chapter 3　インターネットを徹底活用しよう

## ▼ メールを送信する

### 1 送信前に内容をチェックする

● メールを作成したら、早速送信してみましょう。

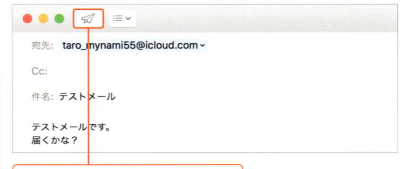

❶ メールアドレスはもちろん、件名や内容をよく確認しましょう

### 2 メールを送信する

**ポイント**
**件名を書いてなかったら？**
件名が未入力のまま[送信]ボタンをクリックすると、件名を入力しないで送るかを確認するメッセージが表示されます。件名がないまま送ってもよいですが、相手が読んでくれなかったり「迷惑メール」に分類されたりする場合があるので注意しましょう。

❷ メッセージウインドウのツールバーにある[送信]ボタンをクリックして送信します

---

**ポイント　フルスクリーンが使いやすいSplit View**

メールをフルスクリーンで利用している状態で、新規メッセージを作成すると、メインのウインドウと新規メッセージの作成ウィンドウが重ならない「Split View（スプリット・ビュー）」で表示されます。メールの作成中でも受信トレイ内のメールなどが確認しやすくなっています。

❶ メインのウインドウと、　❷ 新規メッセージウインドウの両方が見やすく配置されます

## 3 メールの送信状況をチェックする

❸ ウインドウの下部に送信状況が表示されます

### ポイント
**動作状況を確認する**

[ウインドウ]メニューから[動作状況]を確認すると、より詳しい送受信の動作状況を見ることもできます。

## 4 送信済みのメールを確認する

❹ 送信したメールは[送信済み]メールボックスに保存されます

---

### ポイント 複数の人にメールを送るには？

複数の人に同じメールを送るには、[宛先]欄にそれらのメールアドレスをカンマ(,)で区切って入力していきます❶。ただしこの方法は[宛先]に入力したメールアドレスが全員にわかってしまうので注意しましょう。知られたくない場合は「Bcc(ビーシーシー：Blind carbon copy)」にメールアドレスを入力します。Bccのメールアドレスは、相手に表示されません。[表示]メニューから[Bccアドレス欄]を選択するか、≡ ∨ をクリックして[Bccアドレス欄]にチェックを入れると❷、[Bcc]欄が追加されるので、こちらにメールアドレスを入力します❸。なお、「Cc（シーシー：Carbon copy)」は、"参考までにお送りします"という用途で使います❹。こちらのメールアドレスはすべての送信相手に表示されます。

❶ カンマで区切って入力すると別々のアドレスとして表示されます

❷ ここにチェックを入れると[Bcc]欄が表示されます

❸ [Bcc]欄に入力します

❹ [Cc]欄に入力します

Chapter 3 メール送信

Chapter 3　インターネットを徹底活用しよう

［メール受信］

# Chapter 3 メールを受信しよう

今度はメールを受信してみます。手動で受信できますが、定期的に自動受信することも可能です。また、受信したメールはやり取り単位でまとめられます。

## ▼ メールを受信する

### 1 [受信]ボタンをクリックする

❶ ツールバーの[受信]ボタンをクリックします

### 2 受信メールを表示する

❷ メールが受信できました。青いマークの付いたメールがありますが、これは「未読」のマークです

❸ メールを選択すると、メールの内容が右側に表示され、

❹ 「未読」マークも消えます

**ポイント**
**未読メールの数**
未読の数はツールバーの[受信]ボタンに表示されます。

### 3 やり取りが明解なスレッド表示

❺ メールが返信されると、やりとりが時系列でわかる「スレッド表示」で表示されます

● スレッド表示とは、自分が出したメールとそれに対する相手から返信などの一連のやりとりをまとめる機能です。

## 4 メッセージの状況を判断

❻ 未読メールの青いマーク以外にもいくつかのマークがあります。ひと目でそのメールの状況を判断できるので便利です

### ポイント
**必要なメールが素早く見つかるトップヒット**

目当てのメールが見つけにくいときは、検索機能が便利です。メール画面右上の[検索]欄にキーワード(名前やメールアドレスの一部、メール内の言葉など)を入力し、returnキーを押すと、該当するメールが表示されます。検索結果の上部にある[トップヒット]には、特に関連性の高いメールがピックアップされます。

- 未読メールマーク：まだ読んでいないメールに付きます。
- 返信済みマーク：返信したメールに付きます。
- 転送済みマーク：転送したメールに付きます。
- VIPマーク：VIP指定(P.147参照)されたメールに付きます。

## メールの受信間隔を変更する

### 1 メールは自動受信に設定されている

❶ [受信]ボタンを押さなくても、自動受信に設定されています

❷ [メール]メニューの[環境設定]の[一般]から受信間隔を調整できます

### ポイント スレッド表示が見づらいときは？

スレッド表示はやりとりの流れが把握しやすいものの、メールを見落としてしまうことがあるので注意が必要です。また、送信メールやゴミ箱に入っているメールもスレッドに表示されるため、正しいメールがわからなくなることもあります。スレッド表示を解除するには[表示]メニューの[スレッドにまとめる]のチェックを外します❶。受信メールのみをスレッド表示する場合は[環境設定]→[表示]にある[関連メッセージを含める]のチェックを外しましょう❷。

❶ チェックを外してスレッド表示を解除します

❷ チェックを外します

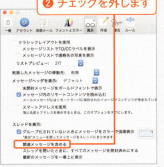

[返信／転送]

# Chapter 3 メールを返信・転送してみよう

ここでは受け取ったメールに対して返信したり、メールをほかの人に転送したりしてみます。その際は受信したメールが引用されるので、上手に活用するとよいでしょう。

## ▼ メールを返信する

### 1 [返信]ボタンをクリックする

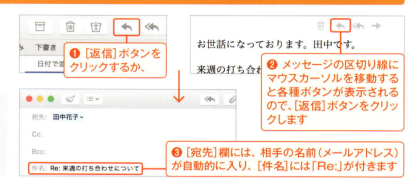

❶ [返信]ボタンをクリックするか、

❷ メッセージの区切り線にマウスカーソルを移動すると各種ボタンが表示されるので、[返信]ボタンをクリックします

❸ [宛先]欄には、相手の名前（メールアドレス）が自動的に入り、[件名]には「Re:」が付きます

**ポイント**
**「Re:」が付く**
「Re:」はこのメールが返信であることを表しています。

### 2 引用部分を確認する

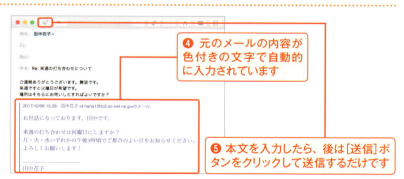

❹ 元のメールの内容が色付きの文字で自動的に入力されています

❺ 本文を入力したら、後は[送信]ボタンをクリックして送信するだけです

---

**ポイント** **全員に返信する**

メールが複数に送られている場合、受信者全員に返信することもできます。[全員に返信]機能を使って返信メールを作りましょう。一方、複数の人に送られたメールの送信者だけに返信したいときは、上記手順1の要領で[返信]ボタンを利用すればOKです。

❶ [全員に返信]ボタンをクリックすると、

❷ 受信者全員に送信されます

## ▼ メールを転送する

### 1 [転送]ボタンをクリックする

● 「転送」とは、受け取ったメールを差出人とは別の相手に送る機能です。

❶ 転送したいメールを選択して[転送]ボタンをクリックするか、

❷ メッセージの区切り線にマウスカーソルを持っていくと表示される[転送]ボタンをクリックします

### 2 転送内容を確認する

❸ [宛先]欄に送信したい相手のメールアドレスを入力します

❹ 件名に「Fwd:」が付きます

❺ 必要に応じて文頭にメッセージを加えます

❻ 元のメールは色付きの文字で表示されます

**ポイント**
**「Fwd:」が付く**
「Fwd:」はこのメールが転送されたものであることを表します。

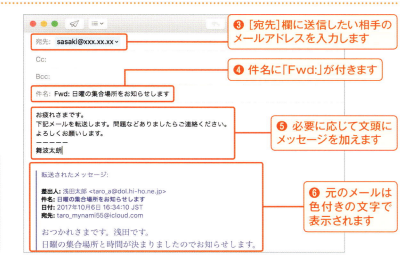

---

**ポイント　引用する範囲を限定する**

返信や転送の場合、元メール内容の全文が新規メールに引用されます。元メールの一部だけを引用したいときは、抜き出したいメールの部分を範囲指定して❶、[返信]または[転送]ボタンをクリックしましょう。するとその部分だけが引用されたメールが作成されます❷。

❶ 引用したい部分を選択します

❷ 選択部分のみ引用されます

141

# Chapter 3 [添付ファイル] メールにファイルを添付して送ってみよう

電子メールには、文字だけでなく書類ファイルやデジタルカメラで撮った写真など、さまざまなデータを添付して送ることができます。その際はファイルのサイズに注意しましょう。

## ▼ メールにファイルを添付する

### 1 [添付]ボタンをクリックする

❶ メッセージウインドウのツールバーにある[添付]ボタンをクリックするか、

❷ [ファイル]メニューから[ファイルを添付]を選択します

❸ 表示されたダイアログでファイルをダブルクリックします

### 2 ドラッグ&ドロップで添付する

**ポイント**
**ファイルのサイズに注意**
容量の大きなファイルを送るとエラーになることがあります。事前に相手に受信できるサイズを確認したほうがよいでしょう。

❹ ファイルをメールウインドウに直接ドラッグ&ドロップして添付することもできます

### 3 ファイルを添付できた

**ポイント**
**添付ファイルを削除するには**
添付したファイルを削除するには、文字と同じように delete キーを押します。

❺ 添付ファイルが写真などの場合は内容がメッセージウインドウの本文に表示されます

❻ [イメージサイズ]をクリックして写真のサイズを変更できます

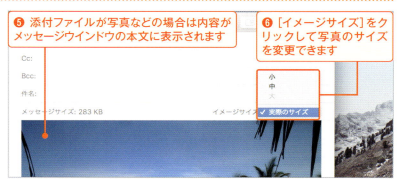

### 4 フォルダを添付する

● フォルダをそのまま添付することもできます。

❼ フォルダを選択して、
❽ [ファイルを選択]ボタンをクリックします
❾ 添付されたフォルダです。メールの送信時もしくは保存時に自動的にZIP形式で圧縮されます

Chapter 3 添付ファイル

## ▼ 受信した添付ファイルを開く・保存する

### 1 添付メールを確認する

● ファイルを受信した場合、差出人の横に添付ファイルアイコンが付きます。

❶ 添付ファイルを示すアイコンです
❷ ここにマウスカーソルを合わせてクリックすると、
❸ 添付されているファイルを確認できます

#### ポイント
**ファイルの中身を見るには**

JPEGなどの画像ファイルは、メールの本文内に表示されています。また、図の❸で[クイックルック]を選択すると、クイックルック機能(P.080)でファイルの内容を確認できます。

### 2 ファイルを保存する

❹ [すべてを保存](または対象のファイル)を選択すると、ダイアログが表示されるので、保存場所を指定します

#### ポイント
**ドラッグ&ドロップで保存**

ファイルを直接デスクトップやFinderウインドウにドラッグ&ドロップしても保存することができます。

Chapter 3　インターネットを徹底活用しよう

［メール整理］

# Chapter 3　メールを整理整頓しよう

メールを長らく使っていると、必要なメールがなかなか探せなくなってきます。フラグを付けたり、大事な差出人をVIP登録したり、条件によって分類したりしてみましょう。

## ▼ メールにフラグを付けて整理する

### 1 ［フラグ］ボタンをクリックする

● メールを区別しやすいようにフラグを付けられます。

❶ フラグを付けたいメールを選び、ツールバーの［フラグ］ボタンをクリックします

❷ この時 ⌄ ボタンをクリックすることでフラグを色分けできます

### 2 フラグ付きとして分類される

❸ フラグ付きメールはここに分類されます

**ポイント**
**メニューバーからの表示**
メニューバーの［フラグ付き］をクリックしてもフラグ付きのメールを表示できます。

❹ フラグ付きのメール数です

❺ 設定したフラグはこのように表示されます

### 3 フラグ付きメールを表示する

❻ ここをクリックして、

**ポイント**
**フラグ名の変更**
❼でフラグを選択した状態で再度クリックすると、フラグ名を変更できます。わかりやすい名称にすると、より使い勝手がよくなります。

❼ フラグの色をクリックすると、

❽ その色のフラグのメールだけが表示されます

## ▼ VIP機能を使う

### 1 VIP指定をする

● 受信したメールを開き、送信者の前にマウスカーソルを移動すると、[☆]マークが表示されます。

❶ [☆]マークをクリックすると、その送信者を「VIP」として登録できます

### 2 VIP指定者を表示する

❷ ここをクリックして、

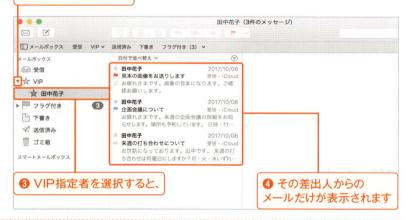

❸ VIP指定者を選択すると、

❹ その差出人からのメールだけが表示されます

### 3 新規に受信したVIPメール

❺ VIP指定された相手からの未読メールは、色付きの[★]マークが表示されます

❻ 受信メールボックスとVIPメールボックスの両方に未読数が表示されます

## ▼ スマートメールボックスでメールを分類する

### 1 スマートメールボックスとは？

●「スマートメールボックス」とは条件に合ったメールを自動的に集めてくれるメールボックスのことです。ここでは「Mac」という単語を含む内容のメールを集めてみます。

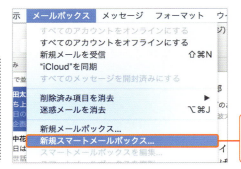

❶ [メールボックス]メニューから[新規スマートメールボックス]を選択します

### 2 メールの条件を指定する

❷ [スマートメールボックス名]に名前を入力します

❸ 分類するメールの条件を指定します。対象に[メッセージ全体]を選び、キーワードを「Mac」として、

**ポイント**
**もっと細かな設定をしたい場合は**
さらに細かく設定したい場合は[+]ボタンをクリックして条件項目を増やします。

❹ [OK]ボタンをクリックすると、スマートメールボックスが作成されます

### 3 スマートメールボックスを活用する

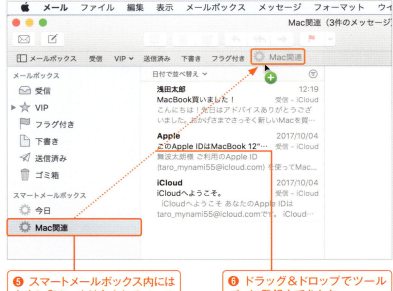

❺ スマートメールボックス内には内容に「Mac」が含まれるメールがピックアップされています

❻ ドラッグ＆ドロップでツールバーに登録もできます

## ▼ メールルールを設定する

### 1 メールルールとは？

●「メールルール」を使うと、受信したメールなどを自動的に分類してメールボックスに振り分けたり、フラグを付けたりすることができます。

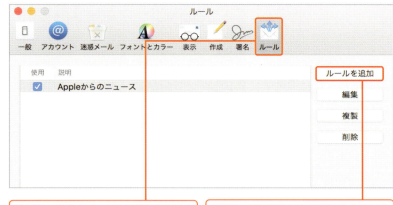

❶ [ルール]メニューから[環境設定]を開き、[ルール]を選択します

❷ [ルールを追加]ボタンをクリックして新規ルールを作成します

### 2 メールルールの条件を設定する

**ポイント**
**受信済みメールにも適用できる**

こうして作成したルールは、新着メッセージに適用されます。また、❻の後に表示される画面で、選択したメールボックスのメッセージへのルールの適用を選択すると、その時点で受信済みのメールにもルールが適用されます。

❸ ルールの説明を入力して、
❹ メールの条件を設定します
❺ 条件に合致した場合のメール操作を設定して、
❻ クリックします

### 3 ルールに従って保存される

**ポイント**
**フラグ名変更でわかりやすさアップ**

図は、P144手順3の「ポイント」の要領でフラグ名を変更した状態です。初期設定の「グリーン」というフラグ名よりわかりやすくなりました。

❼ 自動的に指定したフラグが付きました

Chapter 3 インターネットを徹底活用しよう

# Chapter 3 ［署名／迷惑メール／予定］
# メールをより便利に活用しよう

メールにはいろいろと便利な使い方があります。メールの文末に署名を設定したり、迷惑メールを自動で処理したり、メールの文面からカレンダーに予定を登録したりできます。

## ▼ 署名を使う

### 1 署名を設定するアカウントを選ぶ

● メールの文末に記載された名前や住所などは、「署名」機能を使って自動で挿入できます。複数のメールアカウントを利用している場合、アカウントごとに異なる署名を設定することもできます。

❶ ［メール］メニューから［環境設定］を選択して［署名］を選択します

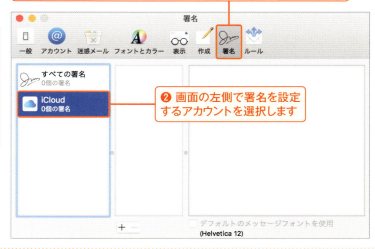

❷ 画面の左側で署名を設定するアカウントを選択します

### 2 署名を作成する

❸ ［+］ボタンをクリックすると、新たな署名が追加されます

❹ 新しい署名に名前を付けて、

❺ 署名のテキストを入力します

### 3 普段使う署名を選択する

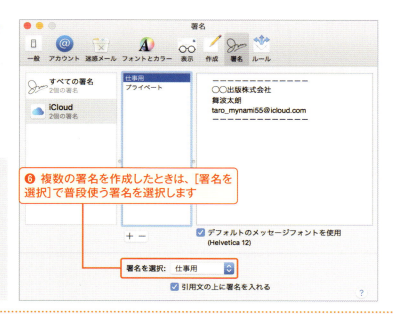

❻ 複数の署名を作成したときは、[署名を選択]で普段使う署名を選択します

**ポイント**
**複数の署名を設定できる**
複数のアカウントを使っている場合は、それぞれのアカウントごとに設定できます。これで新規メッセージを作成すると自動的に署名が挿入されます。

### 4 メールごとに署名を使い分ける

❼ 新規メッセージウインドウの署名選択用のメニューで、使用する署名を選択もできます

## ▼ 迷惑メールを自動で処理する

### 1 迷惑メールの動作を設定する

❶ 迷惑メールの動作設定は[環境設定]の[迷惑メール]から行います

❷ 迷惑メールの自動分類を行うにはチェックを付けます

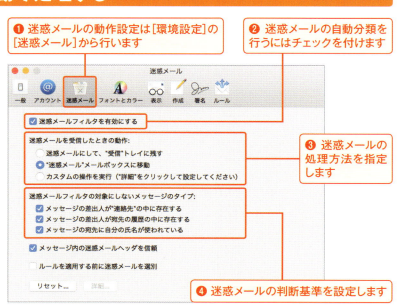

❸ 迷惑メールの処理方法を指定します

❹ 迷惑メールの判断基準を設定します

## 2 迷惑メールは自動分類される

● 図の例では、手順1の画面で受信した迷惑メールを["迷惑メール"メールボックスに移動]を設定しているので、[迷惑メール]ボックスが表示されます。

❺ 迷惑メールは自動的に[迷惑メール]メールボックスに分類されます

❻ 迷惑メールでない場合は、[受信トレイに移動]ボタンをクリックして指定を解除します

### ポイント Googleの無料メールアドレスは便利

Google（グーグル）社の提供するGmailは、無料で作ることができるメールアカウントです。大容量でスパムメールフィルタがあり、さらにiPhoneやWebからも確認できるため、非常に扱いやすいのが特徴です。Googleアカウントを取ることで、カレンダーやその他のサービスも利用できます。無料のメールアドレスは用途によりアドレスを使い分けたいときなどに役立ちます。ぜひ活用してみましょう。

アカウントを作成できます

アカウント作成時に入力する項目です

## メールに記された予定をカレンダーで管理する

### 1 メールの本文から予定を作成する

● メールにはカレンダーとの連携機能が搭載されています。

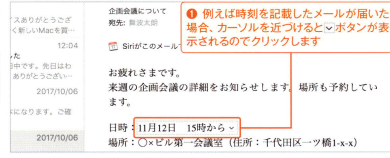

❶ 例えば時刻を記載したメールが届いた場合、カーソルを近づけると⌄ボタンが表示されるのでクリックします

### 2 予定を編集・追加できる

**ポイント**
**予定は編集できる**
自動作成された予定の名前は、メールの件名になっています。変更したいときは、ポップアップ上で修正できます。また、ポップアップ下部の[詳細]ボタンをクリックすると、予定の終了時間などの詳細も編集できます。

❷ その日時のカレンダーがポップアップで表示されます

❸ メール内の情報を流用した予定が自動作成されていて、

❹ ["カレンダー"に追加]をクリックすると、カレンダーに追加できます

### 3 住所から場所を表示できる

❺ 住所部分にポインタを近づけて⌄ボタンをクリックすると、

❻ マップから地図が表示されます

❼ ["マップ"で開く]をクリックすると、マップで大きな地図を見ることができます

Chapter 3 インターネットを徹底活用しよう

## Chapter 3 [Touch Bar] Safariやメールでタッチバーを使おう

SafariとメールでのTouch Bar（P.036）の使い方を紹介します。キーボードに手を置いたまま操作できるので、トラックパッドより素早くさまざまなアクションが指示できます。

### ▼ Touch Barを使ってSafariを操作する

**1 お気に入りを選択する**

❶ Safariを起動した時など、タブにお気に入りが表示されているときは、

**ポイント**
**選択肢が隠れている時**
お気に入りの数が多いなど、選択肢の一部が隠れている時は、Touch Barのお気に入り部分を左右にスライドして表示しましょう。

❷ タッチバーにもお気に入りが表示され、タップしてWebページを表示できます

❸ お気に入り内のフォルダは、タップすると中身が表示されます

**2 Webページを検索する**

❹ Touch Barに表示されている検索欄をタップすると、

❺ アドレスバーが選択され、すぐに文字が入力できます

152

## 3 タブを切り替える

❻ 複数のタブを開いている時は、
❼ Touch Bar上でタップして、表示するタブを切り替えできます
❽ タップすると新規タブを追加できます
❾ タップすると、前のページ、次のページへの移動ができます
❿ この状態から検索を行うには、ここをタップします

### ポイント　Touch Barをカスタマイズするには

Touch Barには任意のボタンを追加できます。図はSafariの例です。[表示] メニューから [Touch Barをカスタマイズ] を選択して操作しましょう。図のカスタマイズ画面を表示中は、Touch Bar内のボタンなどをドラッグして配置の変更もできます。また、不要なボタンは、左側にドラッグすると表示されるゴミ箱のアイコンに重ねると削除もできます。

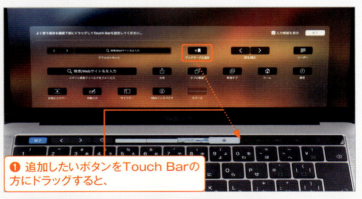

❶ 追加したいボタンをTouch Barの方にドラッグすると、

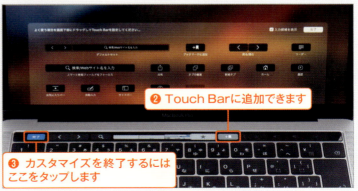

❷ Touch Barに追加できます
❸ カスタマイズを終了するにはここをタップします

## ▼ Touch Barを使ってメールを操作する

### 1 メール閲覧時の操作

● 頻繁に使うことも多いメールも、タッチバーで効率的な操作ができます。図はメール閲覧時のTouch Barです。

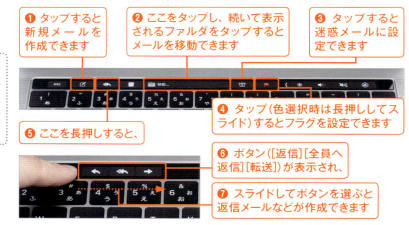

❶ タップすると新規メールを作成できます
❷ ここをタップし、続いて表示されるファルダをタップするとメールを移動できます
❸ タップすると迷惑メールに設定できます
❹ タップ（色選択時は長押ししてスライド）するとフラグを設定できます
❺ ここを長押しすると、
❻ ボタン（[返信][全員へ返信][転送]）が表示され、
❼ スライドしてボタンを選ぶと返信メールなどが作成できます

### 2 メール作成時の操作

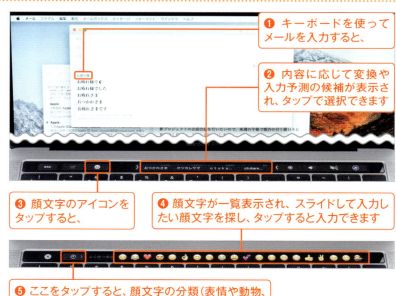

❶ キーボードを使ってメールを入力すると、
❷ 内容に応じて変換や入力予測の候補が表示され、タップで選択できます
❸ 顔文字のアイコンをタップすると、
❹ 顔文字が一覧表示され、スライドして入力したい顔文字を探し、タップすると入力できます
❺ ここをタップすると、顔文字の分類（表情や動物、食べ物など）を選択できるボタンが表示されます

### ポイント 他のアプリでも使ってみよう

例えば「写真」アプリであれば、写真の閲覧中にTouch Barに現れるサムネイルをタップすると、表示する写真を切り替えられます。このように、操作の状況に応じてTouch Barにボタンが表示され、トラックパッドを使うより素早く選択できるという流れは、Safari、メール以外のアプリでも一緒です。他のアプリでもぜひ試してみましょう。

閲覧する写真をスライドとタップで選択できます

# Chapter 4

# Macをカスタマイズ&徹底活用しよう

| 156 | わからないことはSiriに聞いてみよう |
| --- | --- |
| 158 | 画面を一瞬で整理しよう |
| 162 | デスクトップを追加しよう |
| 164 | Dashboardでウィジェットを活用しよう |
| 166 | ホットコーナーを便利に使おう |
| 168 | Launchpadの一覧でアプリケーションを管理しよう |
| 170 | 壁紙やスクリーンセーバを自分好みにカスタマイズしよう |
| 172 | 画面を細かくカスタマイズしてみよう |
| 174 | スマートフォルダと最近使った項目を使いこなそう |
| 178 | トラックパッドやマウス、キーボードを使いやすくしよう |
| 182 | サウンドやディスプレイの設定を行おう |
| 184 | バッテリーを節約するためのテクニックを覚えよう |
| 186 | 複数のユーザでMacを使う |
| 190 | App Storeでソフトウェアを最新に保とう |
| 192 | セキュリティの設定をチェックしよう |
| 194 | AirDropでファイル交換してみよう |
| 196 | プリンタを使って印刷してみよう |
| 200 | [ポイント]ペアレンタルコントロールで子ども向けに機能を制限する |

# Chapter 4 [Siri]
## わからないことは Siriに聞いてみよう

macOS High Sierraでは、iPhoneでお馴染みのパーソナルアシスタント「Siri（シリ）」も利用できます。音声で指示を出すだけで、さまざまな作業を実行できる便利な機能です。

### ▼ Siriで特定のファイルを探す

**1 Siriを起動して指示を伝える**

● Siriの使い方の一例として、Mac内のファイルを検索してみます。例のように送信者を指定するほか、作業日やファイル名などを指定して検索してもらうこともできます。

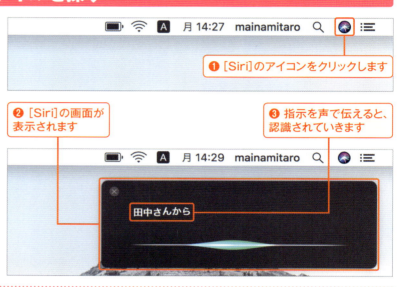

❶ [Siri]のアイコンをクリックします

❷ [Siri]の画面が表示されます

❸ 指示を声で伝えると、認識されていきます

**2 結果が表示される**

❹ 指示を出し終えると、

❺ Siriの応答とともに検索結果が表示され、ダブルクリックでファイルを開けます

**ポイント**
**「聞こえませんでした」と言われたら…**
「聞こえませんでした」と表示され、うまく指示が伝えられなかったときは、もう1度「Siri」のアイコンをクリックして再度指示を伝えましょう。

## ▼ Siriとやり取りしながら操作する

### 1 Siriからの問いかけに応える

● Siriとやり取りをしながら、より複雑な操作を実行することもできます。

❶ 最初の指示です
❷ 指示に従いメールが作成され、
❸ 宛先を尋ねてきました

### 2 詳細設定をチェックする

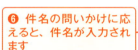
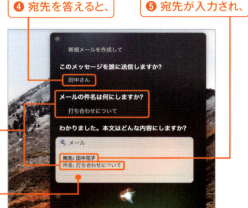

❹ 宛先を答えると、
❺ 宛先が入力され、
❻ 件名の問いかけに応えると、件名が入力されます
❼ ダブルクリックすると、宛先と件名が入力された新規メールが開きます

---

#### ポイント　調べ物や機能のオンなどさまざまな指示に応える

ここで紹介したもの以外にも、インターネットを使って調べ物をする、Macの機能のオン・オフを行うなど、とても多くの操作をSiriで実行できます。ぜひ使いこなしてみましょう。

話しかけ方の一例。
多彩な操作を実行できます

[Mission Control]

# 画面を一瞬で整理しよう

たくさんのアプリケーションやFinderウインドウを開いていると、画面がゴチャゴチャになってしまいます。そんなときに便利な機能の使い方を見てみましょう。

## ▼ Mission Control（ミッションコントロール）を使う

**1** `control` + `↑` キーを押す

● 画面上にたくさんのウインドウが表示されて必要なウインドウが探せないときは、Mission Controlを使いましょう。

**ポイント**
**ほかの表示方法**
トラックパッドでは3本指で上へスワイプ、マウスでは2本指でダブルタップしても同じです。

❶ キーボード上の `control` キーを押しながら `↑` キーを押します

**2** ウインドウが重ならずに並んだ

❷ それぞれのウインドウが小さくなり、見やすく並びました。再度 `control` キーを押しながら `↑` キーを押すと元の大きさに戻ります

**3 表示したいウィンドウをクリックする**

❸ 目的のウインドウを見つけたら、ウインドウにポインタを重ねます

❹ ウインドウの周囲がブルーで囲まれて選択の状態になるのでクリックします

**4 選択したウィンドウが一番手前に表示された**

❺ 選択したウィンドウが一番手前に表示されました

---

### ポイント　アプリごとにまとめて表示するには

次ページの設定画面で[ウインドウをアプリケーションごとにグループ化]にチェックを付けると、ウインドウがアプリケーションごとにまとまって表示されます。重なっているウインドウが選択しにくいときは、図の要領で広げましょう。

❶ ウインドウにポインタを重ね、トラックパッドを2本指で上にスワイプもしくはマウスのセンターを上向きにスクロールすると、

❷ 重なっていたウィンドウが広がります

## ▼ Mission Controlの設定を行う

### 1 Mission Controlの設定画面を開く

● Mission Controlの表示のされ方などの設定は、システム環境設定の[Mission Control]画面で変更することができます。

❶ [システム環境設定]を開いて、[Mission Control]をクリックします

❷ 表示のされ方を設定できます

❸ 呼び出し方を設定できます

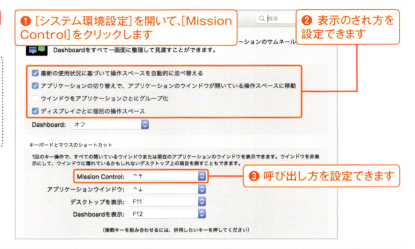

### 2 素早く呼び出すための設定

● カーソルを指定した場所（ホットコーナー）に持っていくことで、Mission Controlをすぐに実行できます。

❹ [ホットコーナー]をクリックします

❺ 画面の四隅のどこかにMission Controlを割り当てれば、カーソルをその場所に持っていくことで呼び出せます

---

### ポイント　Mission Controlを F3 キーで呼び出す

「システム環境設定」の[キーボード]で[キーボード]を選択します❶。[F1、F2などのキーを標準のファンクションキーとして使用]のチェックが外れているとき❷、F3 キーでMission Controlを呼び出すことができます。

❶選択します

❷チェックを外すと F3 キーでMission Controlを呼び出せます

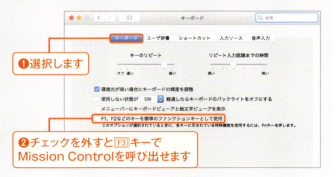

## ▼ MacBookでアプリケーションExposé（エクスポゼ）を使う

### 1 Exposéを設定する

● MacBookでアプリケーションExposéの機能を使うと、使用しているアプリケーションのウインドウだけを並べて、目的のウインドウを選択できます。

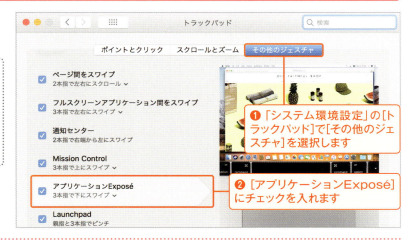

❶「システム環境設定」の[トラックパッド]で[その他のジェスチャ]を選択します

❷[アプリケーションExposé]にチェックを入れます

### 2 トラックパッドを3本指で下にスワイプする

❸ トラックパッドを3本指で下にスワイプすると、アプリケーションExposé機能が働きます

❹ 使用しているアプリケーションのウインドウが並びます

❺ 下に小さく並んでいるのは、Dockに収納されているウインドウです

❻ 並んでいるウインドウのどれかをクリックすると、一番手前に表示されます

［デスクトップ追加］
# Chapter 4 デスクトップを追加しよう

Mission Controlでは、仮想デスクトップを追加できます。複数のデスクトップを使い分けることで画面を広く利用でき、作業がしやすくなります。その方法を見てみましょう。

## ▼ デスクトップの追加と移動

### 1 デスクトップを追加する

● P.158の要領でMission Controlを表示した状態で操作します。

❶ デスクトップを追加するには、右隅にある[＋]マークをクリックします

❷「デスクトップ2」が追加されます

### 2 フルスクリーンアプリケーションの場合は自動で画面が増える

❸ フルスクリーンアプリケーションの場合は自動的に画面が増えます。クリックしてフルスクリーンにします

❹ 画面名がそのアプリケーションの名前になります。元に戻すには esc キーを押します

#### ポイント
**追加したデスクトップを削除するには**

追加した仮想デスクトップが不要になったら削除しましょう。Mission Control画面で上部に表示されているデスクトップにポインタを合わせ、左上に表示される×印をクリックすれば削除できます。なお、図の「Safari」のようにフルスクリーンにして自動追加した場合は、フルスクリーンを解除すると同時に削除されます。

**3 画面を切り替える**

❺ 上に表示されているデスクトップやアプリケーションをクリックすると、その画面に切り替わります

❻ トラックパッドは3本指、マウスは2本指で左右にスワイプしても切り替わります

**4 ウインドウを他のデスクトップに移動する**

❼ ひとつのデスクトップに開いているウインドウが多いとき、他のデスクトップに移動させましょう

❽ ここでは「デスクトップ1」にある「メール」を「デスクトップ2」にドラッグ＆ドロップします

**5 ウインドウが移動した**

❾ 「デスクトップ1」にあった「メール」が「デスクトップ2」に移動しました

Chapter 4 デスクトップ追加

# Chapter 4 [Dashboard]
## Dashboardで ウィジェットを活用しよう

[Dashboard]は計算機や天気予報など、Macで手軽に使いたい「ウィジェット」と呼ばれるツールを配置できるスペースです。初期設定ではオフになっているので、オンにしてから使います。

**1 [Mission Control]をクリックする**

❶ Dockにある[システム環境設定]のアイコンをクリックして、

❷ [Mission Control]をクリックします

**3 Dashboardを有効にする**

❸ [Dashboard]のポップアップメニューをクリックし、ここでは[操作スペースとして表示]を選択します

## 3 Mission ControlからDashboardに切り替える

❹ Dashboardを表示するには、Mission Controlの画面に切り替え（P.158参照）、

❺ [Dashboard]をクリックします

### ポイント
**[Dashboard]が表示されない場合**

Mission Controlに切り替えても[Dashboard]が表示されていないときは、ポインタを画面の上部に移動してみると表示されます。

## 4 Dashboardが表示された

❻ Dashboardが表示されました

❼ Dashboard上には計算機、天気、世界時計、カレンダーが置かれています

❽ ❯ をクリックすると、デスクトップ画面に戻ります

### ポイント
**ウィジェットの移動はドラッグでOK**

ウィジェットはドラッグして好きな位置に移動できます。

## 5 スワイプ操作でも切り替えられる

❾ デスクトップが表示されている状態で、トラックパッドなら3本指、マウスなら2本指で右方向にスワイプしても、Dashboardの画面に移動できます。また、左方向にスワイプすればデスクトップに戻せます

# Chapter 4 [ホットコーナー] ホットコーナーを便利に使おう

Macの画面の四隅は「ホットコーナー」と呼ばれ、ここにポインタを移動すると機能を呼び出したりできるなど、便利に使うことができます。ここでは設定の方法やオススメの使い方を解説しましょう。

## ▼ ホットコーナーの設定を行う

**1** 「システム環境設定」の[Mission Control]から設定する

❶「システム環境設定」の[Mission Control]を開き、左下の[ホットコーナー]ボタンをクリックします

**2** 四隅に機能を設定する

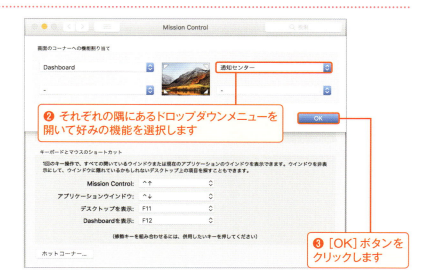

❷ それぞれの隅にあるドロップダウンメニューを開いて好みの機能を選択します

❸ [OK]ボタンをクリックします

## ホットコーナーを使う

### 1 ホットコーナーを呼び出す

● ホットコーナーの機能を呼び出してみましょう。

❶ マウスポインタを右上隅に移動します

❷ 通知センターが表示されました

Chapter 4　ホットコーナー

---

### ポイント　ディスプレイをスリープさせる

手順2の画面で[ディスプレイをスリープさせる]を設定すると、ディスプレイをスリープできます。いちいちメニューバーからスリープを選ばなくても、指定した隅にマウスポインタを持っていけばスリープすることができます。

Chapter 4 Macをカスタマイズ＆徹底活用しよう

## [Launchpad]
# Chapter 4　Launchpadの一覧でアプリケーションを管理しよう

アイコンを一覧表示し、そこからアプリケーションを起動できるのが「Launchpad（ローンチパッド）」です。複数画面の切り替えやフォルダ整理ができ、アプリケーションが増えても安心です。

### 1 Launchpadを起動する

❶ Dock上の「Launchpad」アイコンをクリックします

❷ アプリケーションのアイコンが並びます。アイコンをクリックすると、アプリケーションが起動します

**ポイント　複数の画面を移動**

画面が複数ある場合は、トラックパッドを2本指もしくはマウスの表面を1本指で横にスワイプするか、左右のカーソルキーを押すと切り替えできます。

### 2 トラックパッドでLaunchpadに切り替える

● トラックパッドなら4本指でピンチ（親指と3本指をすぼめる）しても、Launchpadを起動できます。

❸ Launchpadが起動しない場合は「システム環境設定」の［トラックパッド］で［その他のジェスチャ］を選択し、

❹ ［Launchpad］にチェックが付いているか確認します

168

## 3 アプリケーションをフォルダでまとめる

❺ Launchpadのアイコンはドラッグで並べ替えられます

❻ アイコンを別のアイコンの上にドラッグ&ドロップすれば、フォルダを作成できます

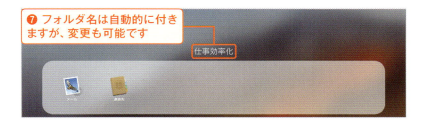

❼ フォルダ名は自動的に付きますが、変更も可能です

## 4 アプリケーションを削除する

❽ アイコンをプレスするか、option キーを押したままにすると、アイコンが振動し始めます

❾ [×]をクリックして、

### ポイント
**アプリ自体が削除される**
この操作を行うと、Launchpadの画面上からだけでなく［アプリケーション］フォルダからも削除されます。なお削除できるのは「×」印が表示されたアプリのみです。

❿ [削除]ボタンをクリックすると削除できます

### ポイント App Storeから入手したアプリはLaunchpadに配置

App Store（P.202参照）では、購入したアプリのダウンロードやインストールをLaunchpad上で行います。このインターフェイスは、iPhoneやiPadを動かしているiOSとまったく同じです。インストールが終われば、アプリのアイコンは自動的にLaunchpadに配置されます。

App Storeからダウンロードしたアプリも、Launchpadに追加されます

# Chapter 4 ［デスクトップピクチャ／スクリーンセーバ］
# 壁紙やスクリーンセーバを自分好みにカスタマイズしよう

Macの壁紙やスクリーンセーバを設定して、見た目を自分好みにカスタマイズしてみましょう。壁紙はもともと用意されたもののほかに、自分で撮影した写真などを選ぶこともできます。

## ▼ デスクトップピクチャを設定する

### 1 用意された壁紙に変更する

● 壁紙を変更するには「システム環境設定」の［デスクトップとスクリーンセーバ］を開きます。

❶ ［デスクトップ］を選択します
❷ ［デスクトップピクチャ］を選択すると、
❸ あらかじめ用意された壁紙が表示されるので選択します

### 2 好みの写真を壁紙にする

❹ ［ピクチャ］を選択すると、
❺ ［ピクチャ］フォルダ内の画像を壁紙にできます
❻ 壁紙が表示されている部分に画像をドラッグ＆ドロップしても登録できます

**ポイント**
**写真をそのまま設定できる**
control キーを押しながら画像ファイルをクリックし、［デスクトップピクチャを設定］を選んでも壁紙を設定できます。

## スクリーンセーバを設定する

### 1 プライバシーを確保しよう

● ほかに人がいる環境でMacを起動したまま席を離れるのは、プライバシー的に問題があります。スクリーンセーバを設定しておきましょう。

シフトタイル

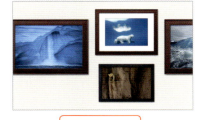
フォトウォール

**ポイント スクリーンセーバとは**

スクリーンセーバとは、一定時間Macで何も作業が行われないと画面いっぱいに表示されるスライドショーのようなもので、トラックパッドやマウスを操作するなどして解除できます。

Flurry

ビンテージ

### 2 スクリーンセーバを設定する

❶「システム環境設定」の[デスクトップとスクリーンセーバ]で上の[スクリーンセーバ]を選択します

❷ 好みのスクリーンセーバを選択します

❸ サムネイルにポインタを合わせると[プレビュー]ボタンが表示されます。クリックすると全画面で表示できます

❹ ここで開始時間を設定します

### 3 パスワードを設定する

❺ スクリーンセーバを解除する際にパスワードを要求するようにして、他の人がMacを利用できないようにできます

❻「システム環境設定」の[セキュリティとプライバシー]を開いたら[一般]を選択します

❼ [スリープとスクリーンセーバの解除にパスワードを要求]にチェックを入れます

Chapter 4　Macをカスタマイズ&徹底活用しよう

## Chapter 4 ［画面の設定］
# 画面を細かくカスタマイズしてみよう

Macは表示や見かけをある程度カスタマイズすることができます。機能的に使いやすくなったりするので、自分にあった表示を設定してみましょう。

## ▼ ［一般］で表示の基本設定を行う

### 1 ［一般］設定を変更する

● 「システム環境設定」の［一般］では、Finderウインドウで使う色やスクロールバーなど、細かな部分の表示を設定できます。それぞれの項目を確認して、いろいろと試してみましょう。

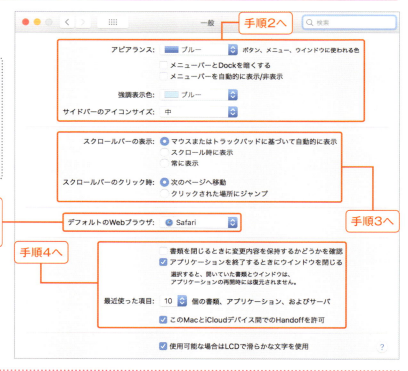

### 2 アピアランスの設定

● ［アピアランス］ではボタンやメニュー、ウインドウに使われる色を変更します。強調表示色ではテキスト選択時の色を変更できます。

❶ ボタンの色などを変更できます

❷ テキスト選択時の色を変更できます

## 3 スクロールバーの設定

● スクロールバーは表示方法と動作を設定できます。表示は［マウスまたはトラックパッドに基づいて自動的に表示］［スクロール時に表示］［常に表示］から選びます。

スクロール時に表示

常に表示

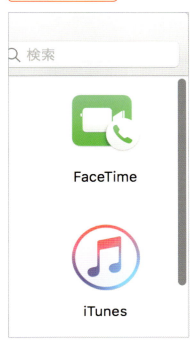
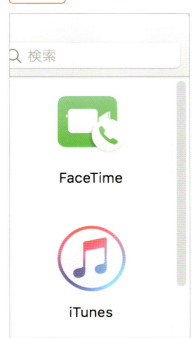

スクロールバーのみが表示されます。　スクロールバーの枠が表示されます。

**ポイント**
**スクロールバーをクリックした際の動作**

スクロールバーをクリックした際にどのように移動するかも設定できます。［次のページへ移動］ではページをスクロールして移動します。［クリックされた場所にジャンプ］はクリックした位置へ直接ジャンプします。

## 4 書類とアプリケーションの設定

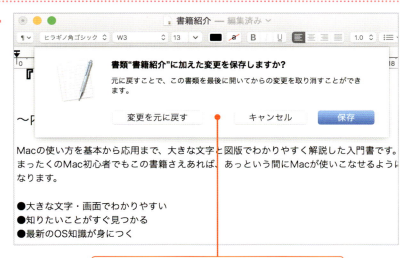

［書類を閉じるときに変更内容を保持するかどうかを確認］にチェックが入っていると、ファイルの変更時にダイアログが表示されるようになります

Chapter 4　画面の設定

Chapter 4 Macをカスタマイズ＆徹底活用しよう

## Chapter 4 ［スマートフォルダ／最近使った項目］
# スマートフォルダと最近使った項目を使いこなそう

設定した条件でファイルをピックアップする「スマートフォルダ」機能と、「最近使った項目」フォルダを使いこなして、Mac内のファイルをより効率的に管理してみましょう。

### ▼ スマートフォルダを作る

**1 Finderウインドウを開く**

● スマートフォルダの機能を理解するには、実際に作成してみるのが一番です。ここでは「Apple」という単語で自動的にピックアップするフォルダを作ってみます。

❶ Finderの［ファイル］メニューから［新規Finderウインドウ］を選択するか、

❷ ⌘キー＋Nキーを押して、新しいFinderウインドウを開きます

**2 ファイルを検索する**

❸ 検索フィールドに検索単語「Apple」を入力して、

❹ 検索する場所をクリックすると、

❺ 「Apple」という条件で絞り込まれたファイルがサムネイル状態で表示されます

### 3 スマートフォルダを作成する

❻ 検索単語を入力すると検索バーが表示されます。ここで[保存]ボタンをクリックすると、

### 4 スマートフォルダに名前を付ける

❼ フォルダがスマートフォルダに変わって保存されます。名前を入力して、

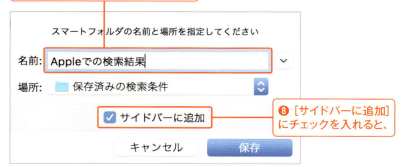

❽ [サイドバーに追加]にチェックを入れると、

### 5 サイドバーに通知された

❾ サイドバーにスマートフォルダが作成されます

Chapter 4 スマートフォルダ／最近使った項目

## ポイント 検索条件を変更する

前ページ手順2の時点で［名前が一致］を選択すると、ファイル名に検索文字列を含んだファイルのみを検索することができます。こうして指定した検索条件は図のように表示され、クリックして変更できます。

❶ 検索フィールド入力時にこちらを選択します

❷ クリックして条件を変更できます

## ポイント 直接スマートフォルダを作成する

直接スマートフォルダを作ることもできます。図の要領で操作すると、最初から検索条件のバーが表示されたフォルダが開かれます。

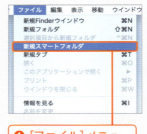

❶ ［ファイル］メニューから［新規スマートフォルダ］を選択すると、

❷ 最初から検索条件バーが表示されます

## ポイント 検索条件を追加する

スマートフォルダの検索条件はより細かに設定できます。図の要領で検索条件を表示し、対象を変更してみましょう。各条件の右端にある＋ボタンをクリックすると、条件の追加もできます。

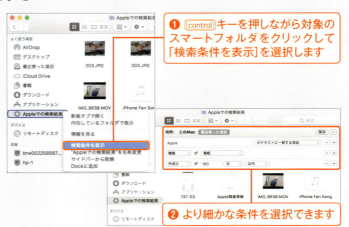

❶ controlキーを押しながら対象のスマートフォルダをクリックして「検索条件を表示」を選択します

❷ より細かな条件を選択できます

## ▼ [最近使った項目]フォルダ内の並び順を変更する

### 1 並び方を選択する

❶ [最近使った項目]を表示して、
❷ [並べ替え]ボタンをクリックして、

● 最近利用したファイルが自動的に集められている[最近使った項目]フォルダは、目的に応じて並び順を変えるとさらに便利になります。

❸ 並び方(ここではアプリケーション)を選択します

### 2 アプリケーション別に並んだ

❹ アプリケーション単位にファイルが並びました

---

### ポイント 数日中に使ったファイルがより探しやすく

[最近使った項目]に多くのファイルがあると、「昨日使ったファイルを探す」といったことが大変な場合もあります。並び替えで[最後に開いた日]を選択すると、直近に利用したファイルがよりわかりやすくなります。

[最後に開いた日]で並び替えると、「数日中に作業したファイル」がすぐわかります

Chapter 4 マイファイル／スマートフォルダ

Chapter 4 Macをカスタマイズ＆徹底活用しよう

# Chapter 4 ［トラックパッド／マウス／キーボード］
# トラックパッドやマウス、キーボードを使いやすくしよう

トラックパッドやマウス、キーボードなど、入力装置の設定は重要です。自分に合っていないと疲れやすかったり、操作時にもたつくことも。自分の感覚に合った設定を探りましょう。

## ▼ トラックパッドの設定を行う

### 1 ポイントとクリックの設定

● トラックパッドは指の本数や動きによってさまざまな操作が可能なマルチタッチジェスチャに対応しています。「システム環境設定」の［トラックパッド］で設定の確認・変更ができます。

❶ ［ポイントとクリック］を選択します

選択した項目の操作方法をビデオで解説してくれます

クリックの強さとカーソルの速さを調整できます

❷ 使用したい項目だけにチェックがついた状態にします

#### ポイント 動きと操作の関係を確認

図の場合、［タップでクリック］にチェックを付けると、1本指でトラックパッドをタップするとクリックが行えます。このように2行目の動きで、その上の太字の部分の操作が行えるようになります。

#### ポイント ［ポイントとクリック］でできること

上図で設定できる操作の内いくつかは、あまり耳慣れないかもしれません。どのような動きを指しているか、確認しておきましょう。

● ［調べる＆データ検出］
Safariなどでわからない単語を範囲指定し、3本指でタップすると意味を表示できます。
● ［副ボタンのクリック］
マウスの右クリックが実行できます。
● ［サイレントクリック］
クリック時の「カチ」という音を消してクリックできます。

## 2 スクロールとズームの設定

● [スクロールとズーム]画面には、iPhoneなどと同じ操作感でトラックパッドを利用するための機能が集められています。前ページと同じ要領で各項目のオンオフの切り替え、ビデオ解説の確認ができます。

**ポイント**
**[スクロールの方向]に注意**

[ナチュラル]は指を動かした方向に画面がスクロールされ、iPhoneなどと同じ操作感になります。チェックを外すと逆方向になり、マウスで使っていたような逆向きの操作になります。

❸ [スクロールとズーム]を選択すると、トラックパッドを使った画面スクロールの方向、写真の拡大や回転などを設定できます

[ナチュラル]の場合の動作です

[スクロールの方向]の[ナチュラル]でスクロール時の方向を設定できます

## 3 その他のジェスチャの設定

● この画面では、画面を切り替える「スワイプ」と、「通知センター」などの画面を表示する動作について設定できます。オン・オフの切り替え方、ビデオ解説の確認方法は前ページと同じです。

❹ [その他のジェスチャ]を選択すると、マルチタッチジェスチャに関する設定が行えます

複数のデスクトップ間を移動できます　　Mission Controlを呼び出します

Chapter 4　トラックパッド／マウス／キーボード

179

## ▼ マウスの設定を行う

### 1 ポイントとクリックの設定

● マウスでもある程度はマルチタッチジェスチャを使うことができます。「システム環境設定」の［マウス］を表示しましょう。機能のオン・オフの切り替え方などは、P.178を参考にしてください。

❶［ポイントとクリック］を選択します

設定が有効だとスクロール時に従来とは逆方向に画面が動きます

右クリックの操作を設定します

コンテンツを拡大表示できます

カーソルの動きの速さを調節します

選択した項目の操作方法をビデオで解説してくれます

### 2 マルチタッチジェスチャの設定

Safariなどでページを前後に移動できます

❷［その他のジェスチャ］を選択すると、トラックパッドと同じ操作をマウスで行えるように設定できます

複数のデスクトップ間を移動できます

Mission Controlを呼び出します

---

### ポイント　Magic Mouseの場合

トラックパッドではなくマウスをメインに使っているユーザもいることでしょう。アップルはマルチタッチジェスチャに対応した「Magic Mouse」というマウスをオプションで販売しています。

## キーボードの設定を行う

### 1 キーボードの基本操作

● キーボードに関する設定は「システム環境設定」の[キーボード]で行います。どのような設定ができるか見てみましょう。

❶ [キーボード]を選択すると、キーの反応などを調整できます

キーを押し続けた際に「あ」から「ああああ…」という繰り返し入力に切り替わる時間を設定します

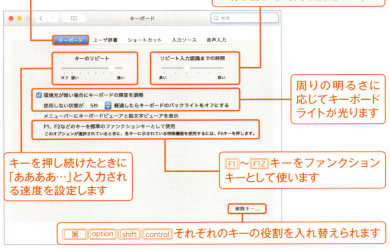

キーを押し続けたときに「ああああ…」と入力される速度を設定します

周りの明るさに応じてキーボードライトが光ります

[F1]〜[F12]キーをファンクションキーとして使います

⌘ option shift control それぞれのキーの役割を入れ替えられます

### 2 キーボードのショートカットの設定

#### ポイント ショートカットの見方

キーボードのショートカットの指定は下のように表示され、例えば「^⇧⌘4」は control + shift + ⌘ + 4 キーを表します。

^…control キー　⇧…shift キー
⌘…⌘ キー　⌥…option キー

❷ [ショートカット]を選択すると、ショートカットに関する設定が可能です

ジャンルを選ぶと各種操作に対応したショートカットキーのオンオフを設定できます

#### ポイント 便利なBluetooth接続

Macはデジタル機器を接続するための無線通信規格「Bluetooth」に対応しています。Magic Mouse2をはじめ、Magic TrackPad2、Magic Keyboardはすべて Bluetoothによる接続が可能です。他社からはワイヤレスのスピーカーやヘッドセットなどが発売されており、数多くの製品がBluetoothでMacと接続できます。

Magic TrackPad2　　Magic Keyboard

# Chapter 4 [サウンド／ディスプレイ]
# サウンドやディスプレイの設定を行おう

Macで使う通知音、マイク、スピーカーは「システム環境設定」の[サウンド]から設定できます。ディスプレイの表示に関する設定は[ディスプレイ]から行います。

## ▼ サウンドの設定を行う

### 1 サウンドエフェクトの設定

● 「システム環境設定」の[サウンド]を開きます。

❶ [サウンドエフェクト]を選択します

通知音の音量を調整します

全体の音量を調整します

メニューバーに音量アイコンを表示します

### 2 出力と入力の設定

❷ [出力]を選択します

ここで選択したスピーカなどの再生機器から音が出ます

❸ [入力]を選択します

ここで選択したマイクなどの機器から音を録音できます

音のレベルを表示できます。大きすぎるときは上のバーで入力音量を調整しましょう

## ▼ ディスプレイの設定を行う

### 1 Retinaディスプレイモデルの設定

● 「システム環境設定」の[ディスプレイ]を開きます。

❶ Retinaディスプレイモデルの場合は表示の設定が少し異なります

もっとも精細な解像度です

❷ [変更]を選択した場合は解像度ではなく[文字を拡大][スペースを拡大]の度合いを選択します。右に設定するほど画面を広く使えます

### 2 ディスプレイのカラー設定

❸ [カラー]を選択します

❹ ディスプレイプロファイルを開いて色味を設定できます

❺ 色味を補正したい場合は[補正]ボタンをクリックして「ディスプレイキャリブレータ・アシスタント」を実行しましょう

### 3 Night Shiftのオン・オフを設定

● Night Shift機能を使うと、日が暮れた後のディスプレイの色を暖かい色味に変更できます。

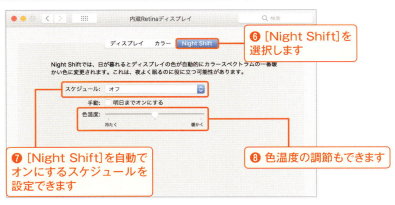

❻ [Night Shift]を選択します

❼ [Night Shift]を自動でオンにするスケジュールを設定できます

❽ 色温度の調節もできます

Chapter 4 サウンド／ディスプレイ

## Chapter 4 [省エネルギー] バッテリーを節約するためのテクニックを覚えよう

MacBookを外出先で使うとき、できるだけバッテリーの消費を抑えて長く使いたいものです。「システム環境設定」で[省エネルギー]の設定や使い方を見直して工夫してみましょう。

### ▼ 省エネルギーの設定を確認する

#### 1 [省エネルギー]の設定を確認する

● 「システム環境設定」の[省エネルギー]でMacBookの電力消費量を設定できます。

**ポイント バッテリー使用時に有効**
この設定は電源アダプタを使っている場合はあまり気にしなくてよいですが、バッテリーでMacBookを使っている場合は細かく設定を見直して省電力に努めましょう。

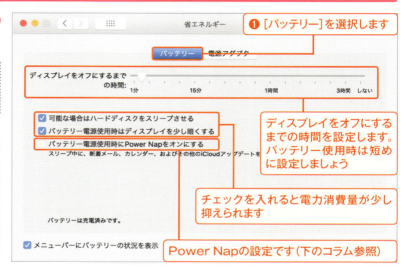

❶ [バッテリー]を選択します

ディスプレイをオフにするまでの時間を設定します。バッテリー使用時は短めに設定しましょう

チェックを入れると電力消費量が少し抑えられます

Power Napの設定です（下のコラム参照）

#### 2 バッテリー状況を確認する

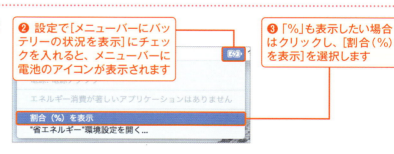

❷ 設定で[メニューバーにバッテリーの状況を表示]にチェックを入れると、メニューバーに電池のアイコンが表示されます

❸ 「%」も表示したい場合はクリックし、[割合（%）を表示]を選択します

**ポイント Power Napとは?**

Power Napとは、Macがスリープしている間でも新着メール、カレンダー情報の更新、iCloudのアップデートなどを確認する機能で、Macを再開したときに最新の情報を扱えます。しかしスリープ時に実行されるため、外出先などではバッテリーを消費します。バッテリー駆動時は行わない設定にしておくとよいでしょう。

## バッテリーを節約するためのテクニック

### 1 エネルギー消費が激しいアプリを確認する

❶ メニューバーのバッテリー残量の部分をクリックすると、

❷ エネルギー消費が激しいアプリが確認できます

### 2 アクティビティモニタでチェックする

❸「アクティビティモニタ」が起動し、起動中のアプリケーションが表示され、エネルギー影響量などが確認できます

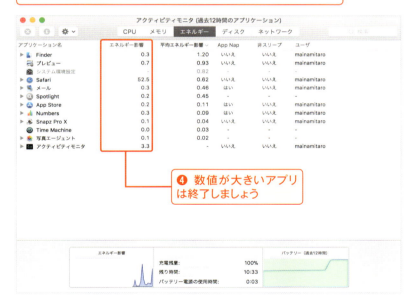

❹ 数値が大きいアプリは終了しましょう

---

**ポイント　App Napとは？**

「App Nap」とは省電力機能のひとつで、使用中のアプリケーションが他のウインドウの後ろに隠れたときに、処理速度を下げることでバッテリー消費を抑えてくれます。これによって、MacBookのバッテリー持続時間がより延伸します。以前はアプリケーションごとにApp Napを無効にできましたが、現在はデフォルトでApp Napが有効になっています。一部のバージョンアップされていないアプリなどでは、まだ設定用の項目が残っているので、必要に応じてオフにすることも可能です。

Chapter 4　Macをカスタマイズ＆徹底活用しよう

# Chapter 4 ［複数ユーザ］ 複数のユーザでMacを使う

macOSは「マルチユーザ」に対応したOSで、複数の人が1台のMacを使うための機能を備えています。「ログアウト」「ログイン」がその扉の役割をしています。

## ▼「ユーザ」を追加する

### 1 ［ユーザとグループ］を確認する

❶ ユーザ名はここに表示されます

● 1台のMacを複数の人で使っても、アカウントを切り替えるだけでその人専用のMacとして活用できます。設定は「システム環境設定」の［ユーザとグループ］で行います。

#### ポイント　他のユーザからはデータを閲覧できない

メールのやりとり、写真、作成したファイル、壁紙などユーザ（アカウント）固有のデータや設定は、他のユーザから見ることができません。

カギマークが閉じている場合は下のコラムを参照してください

#### ポイント　カギマークが閉じている場合は

［ユーザとグループ］には「システム環境設定」の左下にあるカギマークが閉じたままでは、設定を変更できない項目があります。その場合、カギマークをクリックして認証を行ってください（ログインパスワードを入力）。鍵が開いた状態になれば設定を変更できます。

186

## 2 新しい「ユーザ」を設定する

❷ 新しいユーザを追加するには画面左下にある[+]ボタンをクリックします

## 3 ユーザ情報を入力する

❸ [フルネーム][アカウント名][パスワード]などの必要情報を入力します

❹ [ユーザを作成]ボタンをクリックします

## 4 ユーザの追加が完了した

❺ ユーザが追加されました

❻ このユーザに管理者権限を与える場合は[このコンピュータの管理を許可]にチェックを入れます

❼ 画像を変更したい場合は[ピクチャ]をクリックします

### ポイント アカウントで使える画像

アカウントの画像には、用意されている画像、iCloudの画像、その場でカメラ撮影した画像などを設定できます。

### ポイント 「管理者」ユーザとは

「管理者」とは「このMacを使う人の中のリーダー」と考えるといいでしょう。Macのさまざまな設定やソフトウェアのインストール、ユーザの追加を行うには、管理者ユーザによるパスワード認証が必要になります。そのためこのMacをただ使っている人に管理者の権限を与えるべきではなく、Macの所有者あるいは管理している人に限定しておきましょう。ユーザの設定には「管理者」のほかに「通常」「ペアレンタルコントロールで管理」「共有のみ」というステータスがあり、普通に使うだけであれば「通常」ユーザを、子供用のアカウントには「ペアレンタルコントロールで管理」を当てるとよいでしょう。「共有のみ」アカウントはネットワークでこのMacを使うユーザを設定します。

## ログイン／ログアウトでユーザを切り替える

### 1 ログアウトしてみる

● ユーザを切り替えてみましょう。ユーザが自分のアカウント環境から出ることを「ログアウト」、自分の環境に入ることを「ログイン」と呼びます。

❶ ログアウトするには、アップルメニューにある［○○（ユーザ名）をログアウト］を選択します

❷ ダイアログが表示されるので［ログアウト］ボタンをクリックします

### 2 ログインウインドウが表示される

❸ ユーザ選択画面に続いて、このようなログインウインドウが表示されます。ユーザを選択し、

❹ パスワードを入力して、［→］ボタンをクリックします

### 3 ユーザー名を確認する

❺ 新たなユーザの環境にログインできました

❻ メニューバーの［移動］メニューから［ホーム］を選ぶと、ログインユーザ名のフォルダになっていることがわかります

---

**ポイント 起動時のユーザを設定する**

複数のユーザを設定すると、Macを起動した時にどのユーザでログインするかを選択する画面が表示されます。主にMacを利用するユーザが決まっており、毎回選択するのは面倒な場合は［自動ログイン］の設定をしておくといいでしょう。［ユーザとグループ］画面左下にある［ログインオプション］を選択すると［自動ログイン］に関する設定が行えます。

## 一瞬でユーザを切り替えるファストユーザスイッチ

### 1 ファストユーザスイッチの利用設定

● ログイン／ログアウトでユーザを切り替える場合、作業を中断することになります。しかし「ファストユーザスイッチ」を使うと、ログイン中の状態はそのままで、ユーザを切り替えられます。

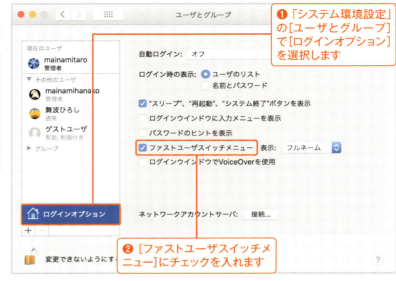

❶「システム環境設定」の[ユーザとグループ]で[ログインオプション]を選択します

❷[ファストユーザスイッチメニュー]にチェックを入れます

### 2 ユーザを切り替える

❸ デスクトップのメニューバーにアカウントの名前が表示されます

❹ ここで選択してユーザを切り替えられます

❺ ユーザ名の前に付いているチェックマークは、既にログインされたユーザを示しています

---

### ポイント ログアウト時に作業中の状態を保存

ログアウトの際に作業中のデータを保存したり、アプリを終了しておく必要はありません。Macはログアウト時の状態を保存して、再度ログインした時に同じ状態に復帰できます。ログアウト時のダイアログでは[再ログイン時にウインドウを再度開く]にチェックを入れておきましょう。

Chapter 4 Macをカスタマイズ＆徹底活用しよう

# Chapter 4 ［アップデート］
# App Storeでソフトウェアを最新に保とう

ソフトウェアのアップデートはApp Storeから配布されます。［App Store］の設定を元にApp Storeが定期的にアップデートを確認してくれます。設定内容を確認しておきましょう。

## ▼ ［App Store］の設定を確認する

### 1 「システム環境設定」の［App Store］を開く

◉「システム環境設定」の［App Store］を開くと、アップデートのダウンロード設定が用意されています。

**ポイント**
**アップデートを確認できる**
［今すぐ確認］ボタンをクリックすると、アップデートがあるかどうかを確認できます。

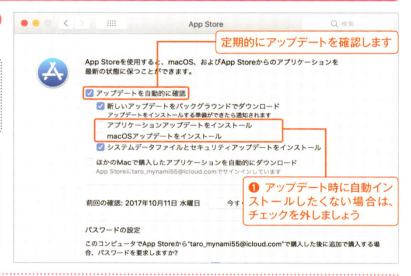

定期的にアップデートを確認します

❶ アップデート時に自動インストールしたくない場合は、チェックを外しましょう

### 2 アップデートの通知

◉ 通知の内容や種類は、必要なアップデートにより変化します。アップデートの内容を確認したいときは、App Store（次ページ手順1の画面）でチェックしましょう。

**ポイント**
**場合によっては Macの再起動が必要**
アップデートの内容によっては、Macの再起動が必要になります。

❷ アップデートの内容によっては通知が表示されます

❸ ［インストール］をクリックすると、インストールが行われます

❹ ［後で行う］をクリックするとアップデート時間を選択できます

## ▼ アップデートを実行する

### 1 App Storeからアップデートする

❶ App Storeのツールバーを確認し、[アップデート]に数字が付いているとアップデートがあります

❷ ひとつずつアップデートするなら各項目にある[アップデート]ボタンをクリックし、

❸ アップデートが複数ありまとめてアップデートするには[すべてアップデート]ボタンをクリックします

### 2 状況を確認する

❹ インストールやダウンロードが開始され、状況が表示されます

App Storeへのサインインや再起動を求める画面表示された場合は、指示に従いましょう

### 3 アップデート履歴を確認する

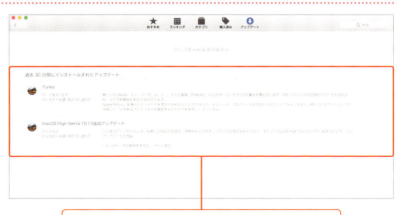

❺ インストールが完了すると下の[過去30日間にインストールされたアップデート]にログが保存されます

Chapter 4 Macをカスタマイズ＆徹底活用しよう

# Chapter 4　[セキュリティ]
# セキュリティの設定をチェックしよう

安全が確認できないアプリケーションの実行を防止できる設定など、macOSのセキュリティに関する機能をまとめてチェックしてみましょう。

## ▼ 危険なアプリがインストールされるのを防ぐには

### 1 アプリケーションの実行を許可する

● App Storeや確認済みの開発元からのアプリケーション以外を実行しないように設定されています。設定によって実行をブロックされたアプリの扱い方、設定方法を押さえておきましょう。

❶ ダウンロードしたアプリが疑わしい場合はこの画面が表示されます

❷ アイコンを選び、controlキー+クリックして、[開く]を選択します

❸ 表示されたダイアログで[開く]ボタンをクリックすると実行できます

### 2 設定を確認する

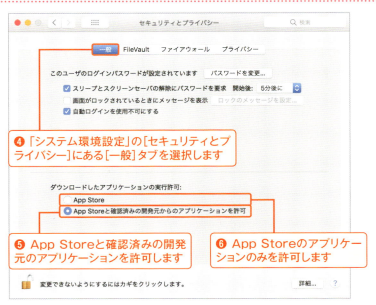

❹「システム環境設定」の[セキュリティとプライバシー]にある[一般]タブを選択します

❺ App Storeと確認済みの開発元のアプリケーションを許可します

❻ App Storeのアプリケーションのみを許可します

#### ポイント
**設定を変更するときには**

右図の「実行許可」設定を変更するには、左下にある「カギ」マークをクリックします。続いて表示された画面でユーザ名とパスワードを入力してロックを解除してから設定を変更します。

## ▼ [FileVault][ファイアウォール][プライバシー]の設定を行う

### 1 [FileVault]の設定

● [FileVault]の機能をオンにすると、他のユーザからデータにアクセスできなくなったり、Macのディスクを他のMacに接続しても中身が見えなくなります。Macを複数ユーザで使う場合などは設定しておきましょう。

❶ [FileVault]を選択します。今使っているユーザのホームフォルダを暗号化できます

❷ [FileVaultをオンにする]ボタンをクリックします

❸ FileVaultが有効になりました

❹ 他のユーザに使用を許可する場合は選択してパスワードを入力します

### 2 [ファイアウォール]の設定

● [ファイアウォール]では、ネットワーク経由によるMacへの不正なアクセスを制限してくれます。

❺ [ファイアウォール]を選択します

❻ [ファイアウォールをオンにする]ボタンをクリックすると有効になります

❼ [ファイアウォールオプション]から詳細な設定が可能です

❽ 接続できるアプリやサービスを設定します

### 3 [プライバシー]の設定

● [プライバシー]では、アプリケーションに対する他のアプリケーションからのアクセスを許可するかどうか設定します。例えば位置情報を利用するアプリケーションは位置情報サービスにアクセスすることを求めてきます。チェックを入れて許可すればそのアプリケーションで位置情報を活用できます。

❾ [プライバシー]を選択します

❿ 位置情報サービスにアクセスを求めるアプリケーションです

# Chapter 4 [AirDrop]
# AirDropでファイル交換してみよう

macOSにはより簡単にファイルを受け渡せる「AirDrop（エア・ドロップ）」という機能があります。ファイル共有で行ったような設定を行わなくても手軽にファイルを交換できます。

## ▼ AirDropでファイル交換する

### 1 サイドバーの[AirDrop]を選択する

● AirDropは、MacやiPhone・iPadなどのiOS機器で利用できるデータ共有機能です。Mac同士や、MacとiPhoneなどで写真やテキストデータなどを受け渡しすることができます。

❶ Finderウインドウを開き、サイドバーにある[AirDrop]を選択すると、

❷ 送信可能な相手とデバイス名が表示されます

▼をクリックするとやりとりする相手を変更できます。「連絡先のみ」だと連絡先(P.214)に登録している人のみアクセスできます

このMacを検出可能な相手: 全員 ▼

### 2 ドラッグ＆ドロップでファイルを送信する

❸ 送りたい相手のアイコンにファイルをドラッグ＆ドロップします

#### ポイント
#### 受け取りが拒否されることも

AirDropでファイルが送信されると、受け取り側には「ファイルを受け取るか」を確認する画面が表示されます。受け取りを拒否された場合は、その旨が表示されます。

### 3 ファイルの送信が完了

❹ 相手が受け入れると、アイコンの周りにプログレスバー（進捗状況）が表示され、送信されます。バーが100%まで回って消えると送信完了です

## ▼ [共有]ボタンからAirDropを使用する

### 1 [共有]ボタンをクリックする

● アプリケーションによっては（ここではプレビュー）、[共有]ボタンの中に[AirDrop]メニューが用意されています。

❶ [共有]ボタンをクリックして、

❷ [AirDrop]を選択します。開いているアプリケーションから直接AirDropでファイル送信できます

### 2 ファイル送信が準備される

❸ ファイルが準備され、送り先が表示されます。クリックして選択すると、相手が受け入れるのを待って待機中になります

## ▼ 受信したデータを開く

### 1 受信データはDockの「ダウンロード」内に

● AirDropを使ってMacでファイルを受け取った場合、受信したファイルは[ダウンロード]フォルダに入ります。

❶ Macに送られてきたファイルを受け入れるには、ここをクリックします

❷ ダウンロードをクリックします

❸ 受信したデータが入っています

# [プリンタ] プリンタを使って印刷してみよう

Macで使いたい周辺機器のひとつに、プリンタがあります。ここではWi-Fi（無線LAN）に対応したプリンタと、USB接続でのプリンタの利用方法をそれぞれ見ていきましょう。

## ▼ 無線LAN対応プリンタをセッティングする

### 1 プリンタを無線LANに接続する

● 最近のプリンタの多くは無線LAN接続に対応しています。

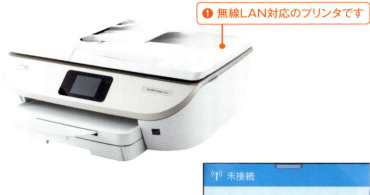

❶ 無線LAN対応のプリンタです

❷ プリンタを無線LANに接続します

### 2 Macにプリンタを追加する

● 利用したいプリンタを初めて使う際は、Macに追加します。なお、すでにプリンタが追加済みで、❻のように表示されている場合は追加の操作は不要です。

**ポイント**
**追加用の画面が開いた場合**
❹のボタンのクリック時に、プリンタ追加用の画面が開いた場合は、画面上に表示されたプリンタから追加したいものを選びましょう。

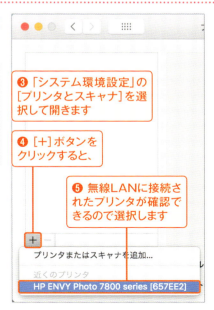

❸「システム環境設定」の[プリンタとスキャナ]を選択して開きます

❹ [+]ボタンをクリックすると、

❺ 無線LANに接続されたプリンタが確認できるので選択します

❻ プリンタが登録され、使用可能になります

## ▼ USB接続のプリンタをセッティングする

### 1 USBでプリンタを接続する

● ほとんどのプリンタがUSBケーブルでMacと接続できます。macOS Xには多くのプリンタドライバがインストールされており、接続すれば利用可能になります。

❶ Macとプリンタを接続します

### 2 プリンタドライバがインストールされてない場合はインストールする

❷ プリンタドライバがインストールされていない機種に関しては、メーカーサイトから入手しましょう

---

### ポイント　スキャナ付き複合機の場合

最近のプリンタの多くがスキャナと一体化した複合機です。OS Xではドライバを登録すれば、スキャナ機能も利用できるようになります。「システム環境設定」で[プリンタとスキャナ]の[スキャン]を選択し❶、[スキャナを開く]をクリックすれば❷、スキャナソフトが開いて書類をスキャンできます❸。

❶ 選択します
❷ クリックします
❸ スキャンを実行します

## ▼ プリンタで印刷する

### 1 [ファイル]メニューから[プリント]を選択する

● プリンタのセッティングが完了したら、実際に印刷してみましょう。ここではデジタルカメラで撮影した画像を「プレビュー」で印刷します。

❶ [ファイル]メニューから[プリント]を選択します

### 2 印刷の設定画面が現れる

❷ プリンタダイアログが表示されます。プリンタ名が表示されていることを確認します

❸ [詳細を表示]ボタンをクリックするとダイアログが拡張されます

### 3 印刷の詳細設定を行う

❹ 詳細設定が可能になります。ここでは用紙のサイズや縦横の向き、印刷枚数、印刷したいページなどを指定します

**4** 用紙に合った印刷設定を行う

❺ プリンタによっては[プリセット]にある設定を使うことで、用紙に適した設定が行えます

❻ 設定が終わったら[プリント]ボタンをクリックして印刷します

Chapter 4　プリンタ

### ポイント　PDFに書き出せる

プリンタダイアログの下にある[PDF]ボタンをクリックすると、書類をPDFとして保存したり、PDFにした書類をメールで送信したりできます。

### ポイント　プリンタインクを確認しよう

プリンタのインク残量は[プリンタとスキャナ]の[オプションとサプライ]ボタンをクリックすると確認できます。機種によってはユーティリティを使ってテスト印刷やプリントヘッドの掃除を行うこともできます。オプションを確認してみましょう。

大量の文書を印刷するときにはインク残量を確認しておきましょう

## ポイント ペアレンタルコントロールで子ども向けに機能を制限する

「ペアレンタルコントロール」は、子どもが安全にMacを使用できるようにするための機能です。親が設定を行うことで、使えるアプリやアクセス可能なWebサイトを制限することができます。子どもに使用を許可するユーザーは、図の要領でペアレンタルコントロールを適用し、各々の条件を設定しましょう。図の項目以外に[時間制限]ではMacの使用時間、[プライバシー]ではデータへのアクセス、[その他]では音声入力、DVDディスク作成についてなどの設定が可能です。

❶「システム環境設定」の[ユーザーとグループ]を開き、ペアレンタルコントロールを設定したいユーザを選択します

❹ このユーザに対して設定します

❺ [アプリケーション]を選択します

❷ [ペアレンタルコントロールを適用]にチェックを入れます

❸ [ペアレンタルコントロールを開く]ボタンをクリックします

❻ カメラの使用を制限できます

❼ GameCenterの友だちやメールのやりとりを制限できます

❽ 使えるアプリケーションを制限できます

❾ [Web]を選択すると、アクセスできるサイトを制限できます

❿ [アダルトサイトへのアクセスを自動的に制限]には既にチェックが入っています

⓬ [ストア]を選択します

⓭ 各Storeの利用を制限できます

⓫ 一覧にあるサイトのみアクセスできます

# Chapter 5
# アプリケーションを使ってみよう

| | |
|---|---|
| 202 | App Storeでアプリを入手&アップデートしてみよう |
| 208 | カレンダーでスケジュールを管理しよう |
| 212 | メモやリマインダーをほかの端末と連携しよう |
| 214 | 連絡先でアドレスを管理しよう |
| 218 | プレビューで画像を閲覧・加工しよう |
| 220 | プレビューでPDFを閲覧しよう |
| 224 | 写真アプリで写真を整理しよう |
| 230 | iTunesで音楽を楽しもう |
| 235 | ［ポイント］iTunes Storeで音楽や映画を購入する |
| 236 | Macでムービーや映画を楽しもう |
| 240 | Pagesで文書を作成してみよう |

# [App Store]
# App Storeでアプリケーションを入手&アップデートしてみよう

Mac用のアプリケーションの多くはApp Store（アップストア）でダウンロード販売されています。ビジネスアプリケーション、ゲーム、ユーティリティなど各種揃っています。

## ▼ App Storeを起動する

### 1 [App Store]アイコンをクリックする

● Macには既に各種アプリケーションが入っていますが、それ以外のアプリケーションを利用するには新たにインストールする必要があります。オンラインで入手すればすぐに使い始められます。

❶ Dockの[App Store]アイコンをクリックしてApp Storeにアクセスします

### 2 アプリケーションのバージョンアップもここから

❷ App Storeはアプリケーションの入手以外に、Macにインストールされたアプリケーションのアップデートが可能です

#### ポイント
**アイコンの数字は？**

App Storeアイコンに数字バッジが付いていたら、バージョンアップするアプリケーションがある印です。システムやアプリケーションの安定のためにもバージョンアップを行っておきましょう。

## ▼ アカウントを設定する

### 1 Apple IDを使用可能にする

● App Storeを利用する際は、アカウントとしてApple IDがそのまま利用できます。まずはApp Storeで使えるように有効化しましょう。

❶ App Storeを開いたら[ナビリンク]にある[アカウント]をクリックします

❷ 表示されるダイアログでApple IDを入力して[サインイン]ボタンをクリックします

### 2 ユーザー情報詳細を入力する

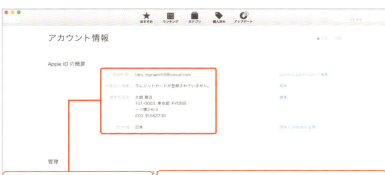

#### ポイント
**App Storeの初サインイン時には**

[このApple IDは、App Storeで使用したことがありません]というダイアログボックスが表示された場合は、[レビュー]ボタンをクリックしてください。

❸ カード情報(アプリ購入時の入力でもOK)、請求先住所や名前などを入力します

❹ App Storeを始めて利用する場合など、必要な情報の入力を順に求める画面が表示された場合は、画面の指示に従い入力します

### 3 アカウント設定が完了

#### ポイント
**アカウント名が表示されないときは**

図のようにアカウント名が表示されないときは、App Storeを一度終了して再度起動してみましょう。

❺ App Storeのトップに戻ると、先ほどの[ナビリンク]の中にアカウント名が表示されています

## ▼ ほしいアプリケーションを探す

### 1 各種カテゴリから選択する

● App Storeにはたくさんのアプリケーションが登録されています。登録カテゴリや検索方法を知って、効率的にアプリを探してみましょう。

❶ App Storeウインドウの上部にはボタンがあり、それぞれのページにジャンプできます

- トップページです
- 無料、有料、総合のダウンロードランキングです
- カテゴリ別分類です
- すでに購入しているアプリケーションの一覧です
- バージョンアップがある場合のダウンロードページです
- 検索用のフィールドです

### 2 アプリケーションを検索する

❷ 探しているアプリケーション名がわかっている場合は検索フィールドにテキストを入力して return キーを押します

### 3 アプリケーションを選ぶ

❸ 検索単語を含むアプリケーション一覧が表示されるので、ほしいアプリケーションをクリックして、

❹ アプリケーションの詳細ページを表示しましょう

## ▼ アプリケーションを購入する

### 1 [Appをインストール]ボタンをクリックする

❶ 前ページ手順3の要領でほしいアプリの詳細を表示します

❷ アプリケーションのアイコンの下にある[入手]ボタンをクリックすると、

**ポイント**
**有料アプリケーションの場合**
ここでは無料アプリケーションを例に進めますが、有料アプリケーションでも購入の手順はほぼ同じです。

❸ [Appをインストール]ボタンに変わるので、もう一度クリックします

### 2 サインインする

❹ Apple IDとパスワードを入力します

❺ [入手]ボタンをクリックして、サインインします

### 3 アプリケーションがダウンロードされる

❻ ダウンロードが開始され、Launchpadに状況が表示されます

❼ ダウンロードが完了すると、Launchpadに登録されます。新しいアプリケーションは青い丸印が表示されています

## ▼ アプリケーションをバージョンアップする

### 1 アップデートの印をチェックする

❶ [App Store]アイコンに数字が付いていたらバージョンアップがある印です

❷ App Storeの[アップデート]をクリックして、アップデートページを表示します

### 2 アップデートを開始する

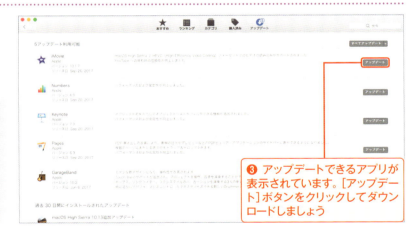

❸ アップデートできるアプリが表示されています。[アップデート]ボタンをクリックしてダウンロードしましょう

#### ポイント　まとめてアップデートできる

[すべてアップデート]ボタンをクリックすると、複数のアプリケーションのアップデートをまとめて行えます。

---

#### ポイント　クレジットカード以外で有料アプリを購入するには

App Storeで有料アプリをダウンロードするにはクレジットカードの情報が必要になります。しかしネットでそうした情報を入力するのに抵抗がある方もいるでしょう。そんなときは「iTunesカード」がおすすめです。コンビニなどで購入でき、ときどき追加ポイントセールなども行われています。iTunes StoreとApp Storeのどちらでも使えるほか、クレジットカード利用者でもチャージして使用できます。

## アプリケーションの自動アップデートと通知

### 1 アプリケーションを自動アップデートする

● アプリケーションやシステム関連のアップデートは自動で行えます。「システム環境設定」の[App Store]で設定します。

**ポイント**

**ほかのMacのアプリケーションを自動ダウンロード**

[ほかのMacで購入したアプリケーションを自動的にダウンロード]にチェックを入れると、ほかのMacで入手したアプリケーションをこのMacに自動インストールできます。

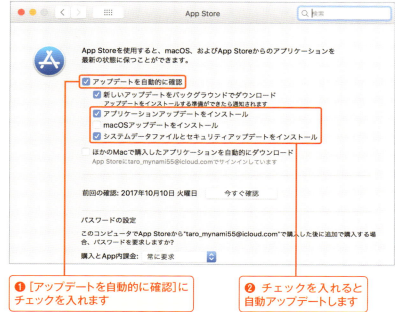

❶ [アップデートを自動的に確認]にチェックを入れます

❷ チェックを入れると自動アップデートします

### 2 アップデート通知とタイミング

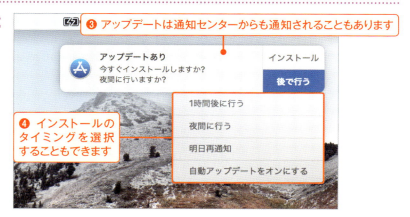

❸ アップデートは通知センターからも通知されることもあります

❹ インストールのタイミングを選択することもできます

### 3 購入済みアプリケーションをダウンロードする

❺ 同じアカウントを使っていれば、ほかのMacで入手したアプリケーションをダウンロードできます

❻ [購入済み]を選択します

❼ 一覧からダウンロードしたいアプリケーションをインストールします

# Chapter 5 [カレンダー] カレンダーでスケジュールを管理しよう

「カレンダー」は日々のスケジュールを管理するアプリで、連絡先やメールと連携できます。またインターネット上のカレンダーと同期すれば、iPhoneやiPadなどとデータを共有できます。

## ▼ カレンダーの画面を理解する

### 1 カレンダーの画面をチェック

● カレンダーには日、週、月、年表示があり、どの画面からでも予定を追加できます。

クリックするとカレンダーリストを表示できます

カレンダー（カテゴリ）リストです。チェックを外したカテゴリの予定は表示されなくなります

月表示

表示形式を切り替えられます

スクロールで月をまたいで表示できます

当日は赤丸になります

登録した予定です

**ポイント　カレンダーを起動するには**
「カレンダー」は、Dock内の[カレンダー] アイコンをクリックして起動できます。

### 2 予定入力の準備をする

● カレンダーがiCloudと連携されていると（P.211）、iCloudのカレンダーがカレンダーリストに表示されているので、すぐに使えます。

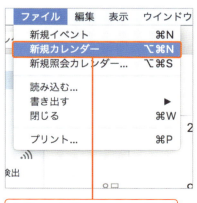

❶ [ファイル] メニューから[新規カレンダー]を選択します

❷ 用途別にカレンダーを追加できます

## カレンダーに予定を入力する

### 1 予定を追加したい日をダブルクリックする

❶ 予定を追加したい日をダブルクリックすると、

❷ [新規イベント]がポップアップ表示されます。イベント名を入力し、

❸ カテゴリを選択します

### 2 場所を入力する

❹ [場所を追加]欄に場所を入力すると表示される候補を選択すると、

❺ 地図が表示されます。地図部分をクリックすると、マップが開きます

**ポイント　住所やマップが表示されないことも**
住所やマップは必ず表示されるとは限りません。表示されない場合は、場所名の入力だけ行えばOKです。

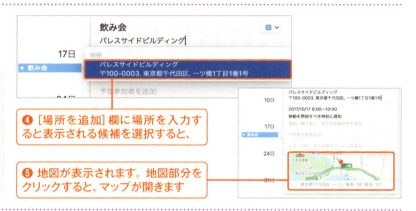

### 3 開始・終了時間を入力する

❻ 時間部分をクリックして予定の開始と終了時間を設定します

❼ [移動時間]をクリックして現地までの所用時間を選択します。これを元に[通知]の[出発時刻]が算出されます

**ポイント　所用時間が表示される場合も**
位置情報の設定内容によっては、[移動時間]の選択肢に現在地から[場所]までの所要時間が図のように表示され、選択できます。

## ▼ ほかの予定入力方法

### クイックイベントで入力する

● クイックイベント機能を使うと素早く予定を入力することができます。

❶ [+]ボタンをクリックすると、

❷ [クイックイベントを作成]ウインドウが表示されるので、例えば「映画 日曜日 13:30」のように入力して、returnキーを押すと、

❸ 予定が入力されます

### 日・週表示で予定入力する

● 日表示や週表示の場合は、時間軸上で予定を作成できます。

❶ 予定の開始時間から終了時間までをドラッグして新規イベントを作り、

❷ 予定内容を編集します

### メールから作成する

● 受信したメールに日時や場所などが書いてあれば、そこから予定を入力できます。

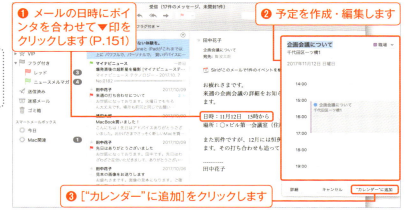

❶ メールの日時にポインタを合わせて▼印をクリックします（P.151）

❷ 予定を作成・編集します

❸ ["カレンダー"に追加]をクリックします

210

## iCloudと連携してiPhoneと同期する

### 1 iCloudと連携する

● カレンダーはiCloudと連携することで、ほかのMacやiPhone、iPadなどと同期できます。「システム環境設定」の[iCloud]で設定します。

❶ [iCloud]で[カレンダー]にチェックを入れます

### 2 iPhoneのカレンダーに表示された

❷ Macで作成した予定がiPhoneに同期されました。iPhoneで作った予定もMacに同期されます

#### ポイント 移動時間も表示される

P.209の❼の要領で[移動時間]を設定した予定は、日または週表示時に、図のように移動時間も表示されます。図はiPhoneの画面ですが、Macのカレンダーでも同じです。

#### ポイント iCloudの招待からイベントを追加する

iCloudカレンダーには、他の人のiCloudカレンダーに予定を送り、招待する機能があります。送られてきた予定は図のように表示され、簡単にカレンダーに追加できます。

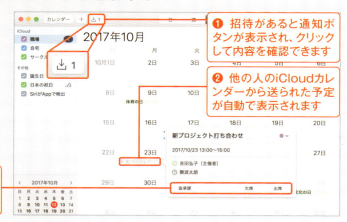

❶ 招待があると通知ボタンが表示され、クリックして内容を確認できます

❷ 他の人のiCloudカレンダーから送られた予定が自動で表示されます

❸ ダブルクリックして開き、[仮承諾][欠席][出席]から選ぶと、相手に通知されます

Chapter 5 アプリケーションを使ってみよう

# Chapter 5
## ［メモ／リマインダー］
## メモやリマインダーを ほかの端末と連携しよう

「メモ」「リマインダー」もiCloudに対応しています。メモをクラウド上に保存すれば、ほかの端末と共有できます。リマインダーはToDoアプリケーションで、iCloudでの同期が可能です。

## ▼ メモを活用する

### 1 メモの画面をチェック

● メモは普通のメモパッドアプリケーションですが、クラウド連携できるのが特徴です。「システム環境設定」の［iCloud］で［メモ］にチェックを入れることで、iCloudのメモと同期できます。

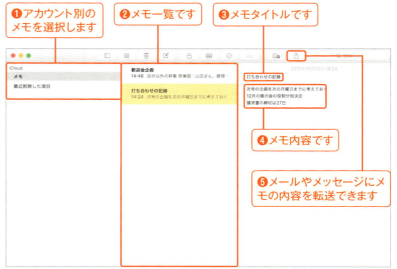

❶ アカウント別のメモを選択します
❷ メモ一覧です
❸ メモタイトルです
❹ メモ内容です
❺ メールやメッセージにメモの内容を転送できます

### 2 iPhoneやiPadと同期する

❻ メモはiCloudで同期しているiPhoneやiPadなどでも利用可能です

❼ iPhoneでは、対象のメモを右にスワイプして、表示されるこのアイコンをタップするとメモをピンで固定できます

#### ★ポイント
**重要なメモはピンで固定でわかりやすく**

macOS High Sierraでは、重要なメモを常に一覧の上部に配置できる機能が使えます。対象のメモを選択して、［ファイル］メニューから［メモをピンで固定］を選択すると固定されます。

212

# ▼ リマインダーを活用する

## 1 リマインダーの画面をチェック！

● 仕事の締め切りや買い物の内容など、ちょっとしたタスクをチェックするのに使うのがリマインダーです。

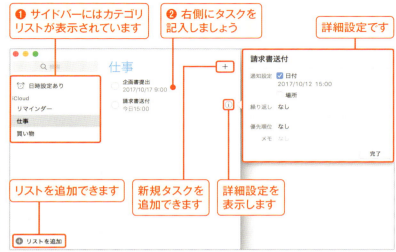

❶ サイドバーにはカテゴリリストが表示されています
❷ 右側にタスクを記入しましょう
詳細設定です
リストを追加できます
新規タスクを追加できます
詳細設定を表示します

## 2 実行したタスクはチェックを入れる

❸ 完了したタスクはここをクリックすると、
❹ 一覧から消えます

## 3 時間になると表示される

❺ 設定した時間になると通知されます
❻ 「後で」を選ぶと再通知の時間も設定できます
❼ タスクが完了されないとアイコンにバッヂがつきます

Chapter 5　メモ／リマインダー

# Chapter 5 [連絡先] 連絡先でアドレスを管理しよう

アプリケーションを使ってみよう

「連絡先」は仕事先や友人の住所、電話、メールアドレスなどを管理するアドレスブックです。メールやFaceTimeと連携できるほか、iCloudと同期すればiPhoneの連絡先管理にも利用できます。

## ▼ 連絡先の画面を理解する

### 1 連絡先を起動する

❶ Dockにある[連絡先]アイコンをクリックします

### 2 連絡先の画面をチェック

❷ iPhoneでiCloudを利用している場合は、Mac側の連絡先にもiPhoneで登録した内容が表示されます。グループ分類ではiCloud上のもの、Mac上のものに分かれて表示されます

カードの内容が表示されます

連絡先、グループ、フィールドの追加などが行えます

カードを編集できます

連絡先をメールやメッセージで送信できます

グループ分類です

カード一覧です

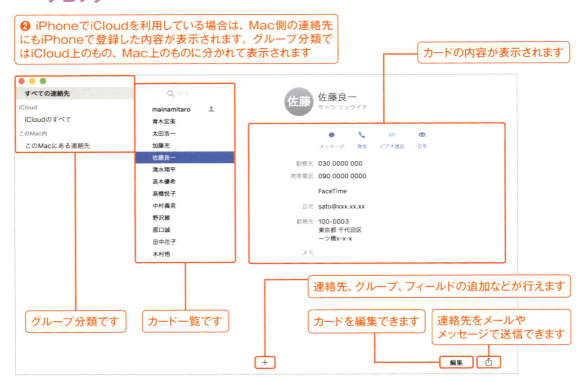

## ▼ 新しいカードを作る

### 1 [ファイル]メニューから[新規カード]を選択する

❶ 連絡先で新規カードを作成するには[ファイル]メニューから[新規カード]を選択するか、

❷ カードの下にある[+]ボタンをクリックして[新規連絡先]を選択します

- それぞれの連絡先のことを「カード」と呼びます。

### 2 姓名を入力する

❸ 「姓」を入力したら[return]キーを押します。すると次の「名」が入力できるようになります

### 3 ラベルを変更する

❹ 電話などの入力欄にある ◇印をクリックすると、

❺ ラベルを変更できます

### 4 各種入力作業を行う

❻ 電話番号を入力すると、

❼ 入力欄が追加されます

**ポイント**
**登録内容を編集するには**
カードの登録後は[完了]が[編集]ボタンに変わるので、内容を変更する場合はこれをクリックします。

❽ メールや住所などを入力したら[完了]ボタンをクリックします

Chapter 5 連絡先

215

## ▼ カードを検索する

### 1 検索ワードを入力する

❶ 検索フィールドに検索ワードを入力すると、登録済みのカードが検索されます

❷ 文字を入力していくと表示が絞り込まれます

❸ 名前だけではなく住所やメールアドレス、電話番号などでも検索できます

## ▼ 「メール」アプリからデータを登録する

### 1 受信メールから新規登録する

● 「メール」アプリでは受信メールから簡単にカードを作成できます。

**ポイント Siriが検出することも**
Siriをオンにしていると、メール内の住所などの情報をSiriが読み取り、「Siriがこのメールで新しい連絡先情報を検出しました」のメッセージが受信メールの上部に表示される場合があります。そこにある[″連絡先″に追加]の文字をクリックしても連絡先に登録できます。

❶ 署名などの住所部分にマウスカーソルをもっていくと自動判別され[▼]ボタンが現れるのでクリックします

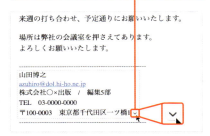

### 2 内容を確認・修正する

**ポイント 署名がない場合**
メールの一覧でメールを選択し、[メッセージ]メニューから[差出人を″連絡先″に追加]を選択すると、差出人の名前とメールアドレスを連絡先に追加できます。署名のないメールはこうして登録しましょう。

❷ ポップアップが表示されるので[″連絡先″に追加]ボタンをクリックします

❸ 編集可能な状態になるので、必要に応じて内容を確認・訂正して、

❹ [作成]ボタンをクリックします

## ▼ カードからメールを作成する

**1 メールアドレスの先頭をクリックする**

● 連絡先はメールなどとの連携を前提に作られています。

❶ カードに登録されているメールアドレスの先頭部分（ここでは「自宅」）をクリックします

**2 メールを起動する**

❷ メニューが表示されるので[メールを送信]を選択します

❸ メールが起動し、このアドレスを宛先とした新規メッセージが開きます

## ▼ FaceTimeで通話をする

**1 連絡先から指定する**

### ポイント
**Macから電話をかけるにはiPhoneが必要**

Macを使って電話をかけるには、同じiCloudアカウントを利用しているMacとiPhoneが、同一のWi-Fiネットワーク上にあることが必要です。Macからの発信は、iPhoneを経由して行われるため、iPhoneで通話しているのと同じ通話料などがかかります。

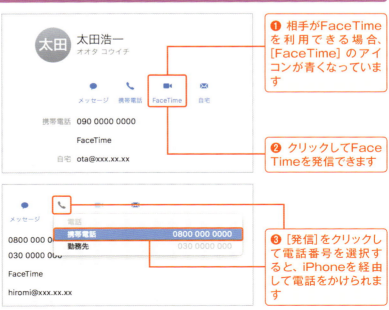

❶ 相手がFaceTimeを利用できる場合、[FaceTime]のアイコンが青くなっています

❷ クリックしてFaceTimeを発信できます

❸ [発信]をクリックして電話番号を選択すると、iPhoneを経由して電話をかけられます

# Chapter 5 [プレビュー] プレビューで画像を閲覧・加工しよう

プレビューはJPEG、PNG、RAW、BMPといった画像ファイルを表示するための標準アプリケーションで、簡単な編集機能も搭載しています。画像の表示と編集の方法を見てみましょう。

## 1 画像ファイルを開く

❶ 画像ファイルをダブルクリックするとプレビューでファイルが開きます

### ポイント 複数ファイルは
複数ファイルを選択してダブルクリックすると、パネル部分に画像ファイルの一覧が表示され、ひとつのウインドウで画像を切り替えて表示できます。

## 2 マルチタッチジェスチャにも対応！

❷ マルチタッチジェスチャに対応しているので、2本指で回転したり、ピンチアウトでズーム表示ができます

### ポイント 写真に書き込みもできる
プレビューでは、写真に文字や図形を書き込むこともできます。方法はPDFの場合と同じです。P.222～223を参考にしてください。

218

## 3 画像を加工する

❸ [マークアップツールバーを表示]ボタンをクリックすると、
❹ 編集用のツールバーが表示されます
❺ 範囲指定して、
❻ 画像をトリミングしたり、
❼ 露出やコントラスト、シャープなどの加工を施したり、
❽ 画像サイズを変更したりできます

## 4 ファイル形式を変換する

❾ 画像フォーマットを変換することもできます。[ファイル]メニューから[書き出す]を選択します

❿ ここでPNG、TIFF、PDFなどに変換できます

# Chapter 5 [PDF] プレビューでPDFを閲覧しよう

プレビューは画像ファイルと同じくダブルクリックだけでPDF書類が開けます。注釈を付けることも可能です。ここではPDF書類を開いて加工してみましょう。

## ▼ PDF書類を表示する

### 1 PDF書類を開く

● 「PDF」はワープロソフトで作った文書などをプリントアウトしたものと同じレイアウトで表示できるファイル形式で、メールに添付して送ったりするのに適しています。Macには印刷時にファイルをPDFで保存する機能があるため、簡単にPDFが作成できます。画像と同じようにPDFファイルをダブルクリックすると、プレビューで開くことができます。

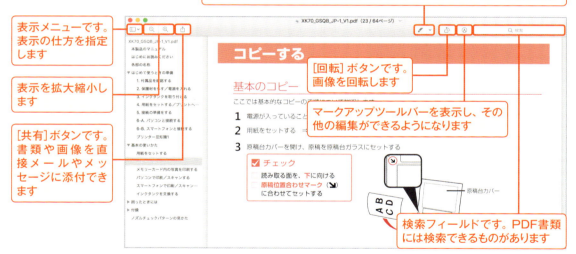

### 2 ページ表示を選択する

● プレビューの表示は上下にスクロールする[連続スクロール]、1ページずつめくる[単一ページ]、見開き表示する[2ページ]が用意されています。

## ▼ PDF書類を編集する

### 1 ポイントとクリックの設定

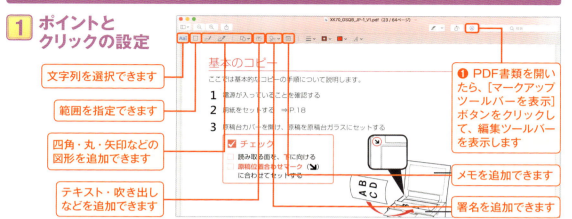

- 文字列を選択できます
- 範囲を指定できます
- 四角・丸・矢印などの図形を追加できます
- テキスト・吹き出しなどを追加できます

❶ PDF書類を開いたら、[マークアップツールバーを表示]ボタンをクリックして、編集ツールバーを表示します

- メモを追加できます
- 署名を追加できます

### 2 文字にマーカーを付ける

❷ ここをクリックすると、

❸ 選択した文字にマーカーを付けられます

❹ クリックしてマーカーの色を変更できます

### 3 メモ機能（注釈）を使う

❺ [メモ]をクリックして、

❻ 表示されたメモに内容を入力します

❼ メモの外をクリックするとメモアイコンになり、ドラッグで移動できます

## 4 ハイライトとメモでチェック部分を一覧表示する

● マーカー部分やメモが増えると、どのページにどのような指示があるかわからなくなります。そこで使いたいのは［ハイライトとメモ］表示です。

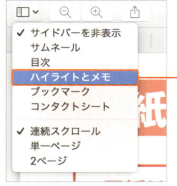

❽［ハイライトとメモ］を選択します

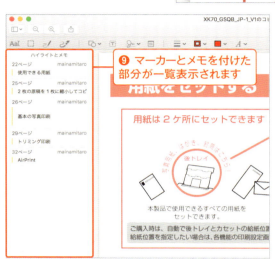

❾ マーカーとメモを付けた部分が一覧表示されます

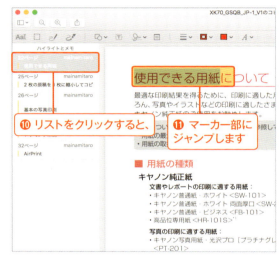

❿ リストをクリックすると、⓫ マーカー部にジャンプします

## 5 図形を追加する

⓬ 図形ツールを選んで図形を描画します

⓭ 線を追加します

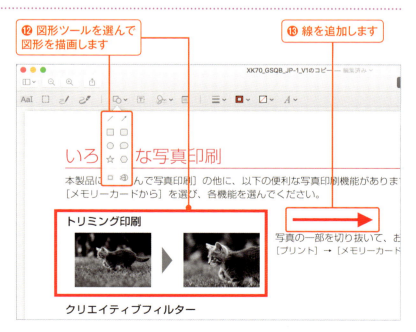

**6** テキストを追加する

⑭ [テキスト]をクリックしてテキストを追加できます

⑮ ここをクリックして色やフォントの指定などができます

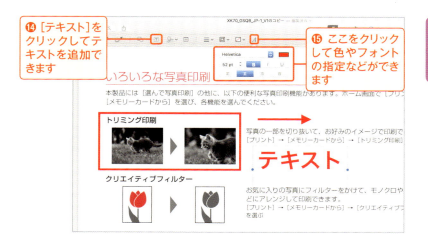

## ▼ PDFファイルに手書きの署名を付ける

### **1** 署名を登録する

❶ ツールバーの署名ツールをクリックします

❷ トラックパッド上をなぞると署名が書けます

❸ トラックパッドがない場合は、[カメラ]タブをクリックします

❹ 白い紙に書いた署名をFaceTimeカメラで写して[完了]ボタンをクリックします

### **2** 署名を利用する

❺ 署名ボタンをクリックして、署名をクリックします

❻ ドラッグしてサイズを調整して署名を配置します

Chapter 5　アプリケーションを使ってみよう

[写真]

# Chapter 5 写真アプリで写真を整理しよう

デジタルカメラではつい枚数を気にせずどんどん撮影してしまいますが、そうした写真をどう整理するかは大きなポイントです。「写真」アプリを使えば、写真を簡単に分類して整理できます。

## ▼ スマホやデジタルカメラから画像を読み込む

### 1 「写真」アプリでできること

● 「写真」アプリはデジカメやスマホから写真を取り込んで、アルバムのように整理できるアプリです。また画像を修正したり、スライドショーを楽しんだり、インターネットに公開したりすることもできます。

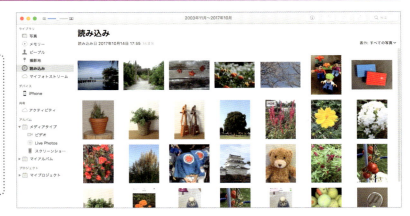

### 2 Macに機器を接続する

**ポイント**
**USBポートがないMacの場合は**
デジカメのケーブルはUSBタイプがほとんどです。MacにUSBポートがない場合には、P.010を参考に変換アダプタを用意しましょう。

❶ デジカメやスマホの写真を取り込むには、Macとケーブルで接続します

❷ SDカードスロットがあるモデルならSDカードから直接読み込むこともできます

**ポイント　デジタル一眼レフカメラでも「写真」アプリは利用できる?**

一眼レフタイプのデジタルカメラを使っている場合でも写真アプリは利用できます。写真の管理やレタッチのほか、ブックやカレンダーの作成などが行えます。また、一部のカメラのRAW画像の表示にも対応しています。ただし現像の際により細かな指定を行いたいなど機能に不足を感じるときは、まずカメラ指定のアプリケーションを使い、その画像を写真アプリに登録するといいでしょう。

## 3 「写真」アプリを起動する

● ここでは例としてiPhoneから写真を読み込みますが、デジカメの場合も操作は同じです。対象の機器をケーブルでMacに接続した状態で操作しましょう。

❸ Dockの[写真]アイコンをクリックします

❹ 自動的に[写真]が起動した場合は、起動の操作は不要です

## 4 機器内の画像が表示される

● 図では新しい写真をまとめて読み込んでいます。対象を限定したいときは、写真をクリックしてチェックを付けて、[選択項目を読み込む]ボタンをクリックしましょう。

❺ 機器内の写真が表示されたら、

❻ [すべての新しい項目を読み込む]ボタンをクリックします

### ポイント
**ほかの写真の読み込み方法**

カメラやメモリカード（SDカード）から写真を読み込む以外にも、「写真」では画像ファイルを直接ドラッグしたり、メニューから読み込んだりできます。

## 5 写真が読み込まれる

❽ クリックすると、写真を日付ごとに見ることができます

❼ 読み込んだ写真が表示されます

❾ クリックすると、撮影場所や被写体からMacが自動的に写真をグループ化してくれます

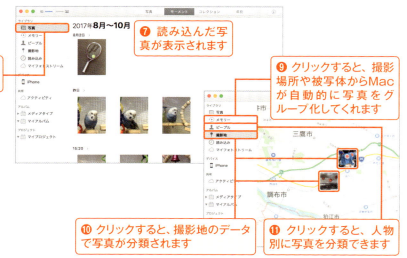

❿ クリックすると、撮影地のデータで写真が分類されます

⓫ クリックすると、人物別に写真を分類できます

225

## 写真の画面をチェック

● 写真のメイン画面をチェックしてみましょう。見たい写真がすぐに見られるようさまざまな工夫がなされています。

❶ 条件に応じて表示する写真を切り替えられます（前ページ参照）
❷ 写真の詳細情報を表示します
❸ 選択した画像をネットサービスなどで共有します
❹ 写真をお気に入りに追加します
❺ 写真を反時計回りに回転します
❻ 画像タイトル、キーワード、レートなどで検索します
❼ サムネイル画像の表示サイズを変更します
❽ アルバムを選択して表示できます

### ポイント　スライドショーも簡単作成

写真には、写真をスライドショーにする機能も備わっています。図のように選択するだけで簡単に作成できます。

❶ 対象の写真を選択して、
❷ [マイプロジェクト]にポインタを合わせて表示される[+]をクリックして、[スライドショー]を選択、
❸ 次に表示される画面でスライドショーの名前を入力します
❹ 作成したスライドを選択して、
❺ 再生ボタンをクリックするとスライドショーが再生できます

## ◤ オリジナルのアルバムに分類する

### 1 写真を選択する

● オリジナルのアルバムを作成すると、写真がよりわかりやすく整理できます。

❶ アルバムに入れたい写真を選択して、
❷ [マイアルバム]にポインタを合わせると表示される[+]をクリックして、
❸ [アルバム]を選択します

### 2 アルバム名を入力する

❹ 名称未設定の新アルバムが作成されるので、名前を入力します
❺ 選択していた写真がアルバムに入っています

### 3 写真をアルバムに入れる

**ポイント**
**アルバム内の写真を見るには**
作成したアルバムを選択すると、その中の写真だけをいつでも表示できます。

❻ 作成済みのアルバムに写真を追加するには、写真をドラッグしてアルバムに重ねます

## ▼ 写真を編集する

● 編集機能の充実が図られたmacOS High Sierraの「写真」では、さまざまな加工が行えます。ここでは精密なカラー調節が行なえる「カーブ」を例に方法を見て見ましょう。

### 1 カーブの調節をする

**ポイント**
**オリジナルの状態を残すには**
写真の編集前後、両方の状態を残したい時は、写真のファイルをコピーしてオリジナル用、編集用の2つを作りましょう。

❶ P.225や226の状態で写真を選択して[return]キーを押し、編集用画面を開きます

❷ 行いたい編集の[▼]を選択して開き、

❸ 線をドラッグするなど編集を加えましょう

### 2 画像が変化した

**ポイント**
**フィルタやトリミング機能もある**
図の写真上部にある[フィルタ]をクリックすると、ワンクリックで写真の印象を変えられるフィルタを設定できます。また[トリミング]をクリックすると写真をトリミング(切り抜き)できます。

❹ 加えた調節に応じて、

❺ 画像が変化します

❻ 調整を取り消したい場合は[調整をリセット]をクリックします

❼ 画像の編集を終えるには[完了]をクリックします

### 3 カラーごとの調整機能を使う

**ポイント**
**画像を共有できる**
写真を選択して、共有用のボタン(P.226の)クリックすると、iCloudやメール、SNSなどで写真を共有できます。

❽ [カラーごとの調整]で色を調整すると、

❾ 特定の色を際立たせるなどの編集もできます

## Live Photosを編集する

### 1 Live Photosを見る

● Live Photosとは、iPhone 6s/6s Plus以降の機種で撮影できる「動きのある写真」です。シャッターを切る前後約2秒の様子を音声付きで記録していますが、通常の写真と同様に写真アプリに取り込まれます。

❶ [メディアタイプ] の[Live Photos]をクリックすると、Live Photosのみが表示されます

❷ 写真にポインタを合わせると動画のように動きます（拡大表示するにはダブルクリックして開き、左上にあるLive Photosのボタンにポインタを合わせます）

❸ 編集用の画面を開くには、選択して[return]キーを押します

### 2 Live Photosの編集機能

● Live Photosは、連続再生される「ループ」への変換など特別な編集が可能です。また図の左上にある[オリジナルに戻す]をクリックすると、編集を加える前の状態にも簡単に戻せます。

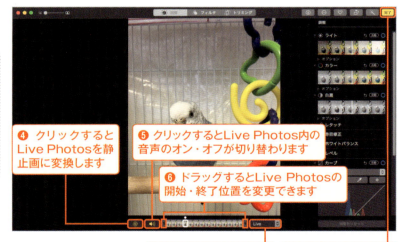

❹ クリックするとLive Photosを静止画に変換します

❺ クリックするとLive Photos内の音声のオン・オフが切り替わります

❻ ドラッグするとLive Photosの開始・終了位置を変更できます

❼ クリックしてエフェクトなどを選択できます

❽ 編集を終えるにはここをクリックします

### ポイント 繰り返しなどのビデオにできる

上図❼で[ループ]（動きを繰り返す）または[バウンス]（最後まで再生したら逆再生のように前に戻る）を選択すると、[メディアファイル]の[アニメーション]に分類されます。この状態で[共有]ボタンからファイルを送信すると、動画ファイルとして相手に送られます。

❶ [ループ]または[バウンス]を設定すると、

❷ メディアタイプがアニメーションに変化します

# Chapter 5 [iTunes]
# iTunesで音楽を楽しもう

iTunesは音楽を再生したり、音楽CDの楽曲を取り込んでデータ化したりできるアプリケーションです。ここではiTunesを使って音楽を楽しむための方法を解説しましょう。

## ▼ iTunesを起動する

### 1 iTunesの初期起動画面

❶ Dockにある[iTunes]アイコンをクリックします

❷ 初期画面には使い方の説明へのリンクや、

❸ ライブラリの情報をアップルに送るかどうかの[同意します]ボタンが用意されています

**ポイント**
**ライブラリ情報を送信**
アップルに送信されたライブラリ情報は、Geniusプレイリスト情報の作成などに使われます。

### 2 音楽をスキャンして登録・再生する

● Mac内にある音楽ファイルは、図の要領で簡単にiTunesに登録できます。

❹ [ファイル]メニューから[ライブラリに追加]を選択します

❺ 対象を選択して、

❻ [開く]ボタンをクリックします

❼ 対象内の音楽ファイルが登録されます

**ポイント**
**選択したフォルダ内がスキャンされる**
❺の手順で選択したフォルダ（図であれば[書類]）内にあるすべての音楽ファイルが自動的にスキャンされます。

230

## ▼ iTunes Storeで購入済の曲をダウンロードする

### 1 iTunes Storeにサインインする

● iTunes内にある「ストア（iTunes Store）」で曲を購入することができます（詳しくはP.235を参照）。iTunes Storeで曲を購入したことがある場合は、MacのiTunesに追加できます。

❶ [アカウント] メニューから [サインイン] を選択し、

❷ Apple IDとパスワードを入力して、

❸ [サインイン] ボタンをクリックしてログインします

❹ iTunes Storeで購入した曲がある場合は表示されます

### 2 クラウドにある曲を楽しむ

● 続いてコンピュータの認証を行います。図の要領で認証しましょう（認証は一度すればOKです）。なお、雲マークの付いている楽曲はクラウド（インターネット上にある保存スペース）上にあり、インターネットに接続していない状態では再生できません。Mac内に保存したい場合はダウンロードしましょう。

❺ [アカウント] メニューからここを選択して、

❻ 表示される画面でApple IDを使ってサインインします

❼ Macに保存したい楽曲は、雲マークをクリックするとダウンロードされます

### 3 ビデオも再生できる

❽ iTunesではiTunes Storeで購入・レンタルしたビデオも再生できます。[ムービー] に再生可能なビデオが表示されます

## ▼ 音楽CDから楽曲を取り込む

### 1 外付けドライブにCDを挿入する

● 手持ちの音楽CDから楽曲データを取り込むには、外付けの光学ドライブが必要です

❶ 外付けの光学ドライブを用意します

❷ 音楽CDをセットするとアルバム名、曲名、アーティスト名が表示され、ダイアログが表示されます。[はい]ボタンをクリックすると、自動的に取り込まれます

### 2 読み込み設定を確認する

❸ 音楽CDからのデータ読み込み時の形式を設定するには[iTunes]メニューから[環境設定]を選択し、[一般]を選択します

❹ [読み込み設定]ボタンをクリックして、

❺ 音楽フォーマットを設定し、

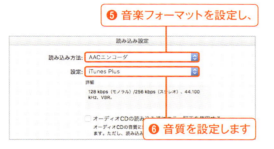

❻ 音質を設定します

---

### ポイント　音楽CDの音質で最適なのは？

iTunesの標準の読み込み設定は[AACエンコーダ]の[iTunes Plus]（ステレオ256kbps）です。これは高音質なわりにそれほどサイズが大きくないのが特徴です。ただしCD音源との音質の差はそれなりにあるため、音楽CDと同等の音質で保存しておきたいなら[Appleロスレス・エンコーダ]に設定しましょう。ファイルサイズは大きくなりますが、音質の劣化なく圧縮できます。

[Appleロスレス・エンコーダ]での音質設定は自動で行われます

## ▼ iTunesの画面を確認する

### 1 iTunesの画面をチェック

● iTunesの画面をチェックしてみましょう。アルバム別、曲リスト、アーティスト別、ジャンル別などに切り替えられます。再生中の曲は再生ウインドウに表示され、シャッフル再生、リピート再生の指定もここから行います。

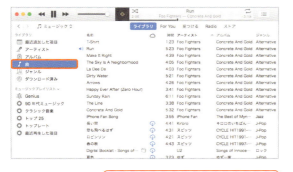

曲名表示では曲名やアーティスト名などで並び換えができます

アーティスト表示ではアーティスト一覧から選んで表示できます

## ▼ プレイリストを利用する

### 1 自分でプレイリストを作る

● 自分の聴きたい曲だけを集めて「プレイリスト」を作ってみましょう。

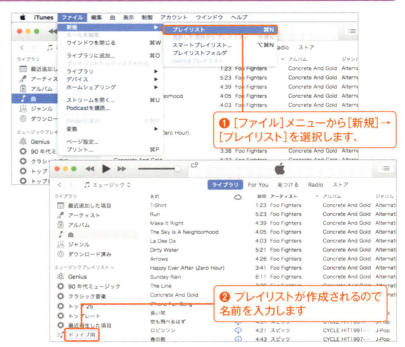

❶ [ファイル]メニューから[新規]→[プレイリスト]を選択します。

❷ プレイリストが作成されるので名前を入力します

### 2 リストを編集する

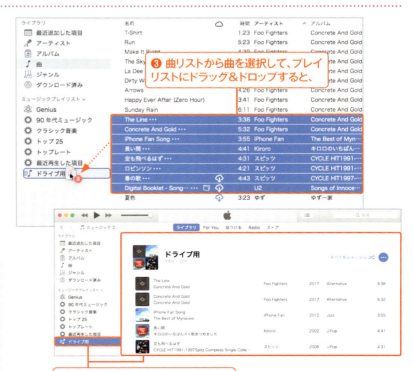

❸ 曲リストから曲を選択して、プレイリストにドラッグ&ドロップすると、

❹ プレイリストに曲を追加できます

#### ポイント
**プレイリストから曲を削除する**

プレイリストから削除する場合は、曲を選んで delete キーを押します。そのとき楽曲データそのものは削除されません。

## ポイント iTunes Storeで音楽や映画を購入する

iTunes Storeは音楽、ビデオ、映画、iPhoneアプリなどを購入できるオンラインショップです。音楽はアルバム単位でなく1曲ずつでの購入も可能で、新譜も充実しています。iTunes画面[ストア]ボタン（P.233参照）をクリックして、iTunes Storeを表示しましょう。

iTunes Storeのミュージック画面は、さまざまな音楽が紹介されています。気になる曲やアルバムを見かけたらクリックしてみると、詳細が表示できます。

❶ iTunes Storeのミュージック画面
❷ ここをクリックして選択すると、[映画]や[App Store]などに切り替えできます

曲の詳細画面です。曲にポインタを合わせると再生用のアイコンが表示され、クリックすると視聴することができます。購入したいときは、金額の書かれたボタンをクリックします。iTunes Storeにサインインしていないときは Apple IDが求められるので、サインインして手続きを進めましょう。

❸ 曲にポインタを合わせ、再生アイコンをクリックすると視聴できます
❹ 金額の書かれたボタンをクリックすると、購入手続きが行えます

一番上図の[ミュージック]部分を[映画]にすると、映画の購入やレンタルが行えます。気に入った映画を見つけたら、クリックして詳細を表示しましょう。

❺ ここを[映画]にします

映画の詳細画面では、予告編の視聴などが行えます。購入、またはレンタルするには各々の金額の書かれたボタンをクリックして手続きします。購入・レンタルした映画を見る方法はP.238を参照してください。

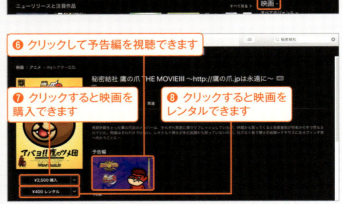

❻ クリックして予告編を視聴できます
❼ クリックすると映画を購入できます
❽ クリックすると映画をレンタルできます

## ［動画］
# Macでムービーや映画を楽しもう

iPhoneで撮影した動画などを再生するには「QuickTime Player」（クイックタイム・プレーヤー）を使います。Macの画面を録画したり、別のフォーマットで書き出すこともできます。

## ▼ QuickTime Playerでムービーを再生する

### 1 ムービーを再生する

● Macで映像を再生する機能が「QuickTime」です。QuickTimeはMacで映像や音楽を再生する役割を担当しています。例えばiPhoneで撮影した動画ファイルをダブルクリックすると「QuickTime Player」というアプリケーションが起ち上がって再生されます。

QuickTime Playerです

音量を調節します

先頭へ・早戻し・再生／停止・早送り・最後への操作が行えます

---

### ポイント　QuickTime Playerの再生フォーマット

QuickTime Playerで再生できるフォーマットは右の表の通りです。WMVやAVIの一部の形式はそのままでは再生できないため、Windowsユーザとのファイルのやりとりには注意しましょう。

| ビデオ | オーディオ |
|---|---|
| QuickTime Movie (.mov) | iTunes Audio (.m4a、.m4b、.m4p) |
| MPEG-4 (.mp4、.m4v) | MP3 |
| MPEG-2 (OS X Lion 以降) | Core Audio (.caf) |
| MPEG-1 | AIFF |
| 3GPP | AU |
| 3GPP2 | SD2 |
| AVCHD (OS X Mountain Lion 以降) | WAV |
| AVI (Motion JPEG のみ) | SND |
| DV | AMR |

## ▼ ムービーを録画する

### 1 [新規ムービー収録]を選択する

● MacのFaceTime HDカメラを使ってムービーを撮影したり、画面の操作手順を動画として収録できます。

❶ QuickTime Playerの[ファイル]メニューから[新規ムービー収録]を選択すると、ムービー収録のウインドウが開きます

❷ 録画ボタンの右にある下向き矢印をクリックして、使用するカメラやマイクを選択します。ここでは[FaceTime HDカメラ]と[内蔵マイク]を選択して、

❸ 録画のボタンをクリックして収録を開始します

### 2 録画を停止する

**ポイント**
**音声だけの収録もできる**
QuickTime Playerの[ファイル]メニューから[新規オーディオ収録]を選択すると、同様の操作で音声だけを収録できます。

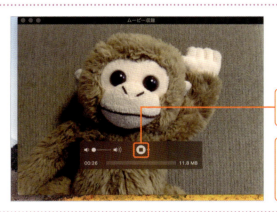

❹ 停止ボタンをクリックして停止します

❺ [ファイル]メニューの[保存]を選択して、ダイアログが表示されたら保存します

### 3 Macの画面の動きを記録する

❻ QuickTime Playerの[ファイル]メニューから[新規画面収録]を選択すると小さいウインドウが開きます。録画のボタンをクリックすると、

❽ メニューバーに表示される停止ボタンをクリックして停止します

クリックすると画面全体が収録されます。画面の一部を収録する場合はドラッグしてください。収録を終了するにはメニューバーの停止ボタンをクリックしてください。

❼ 操作方法の説明が表示されます。クリックすると全画面、ドラッグして範囲選択するとその範囲の動きの記録が始まります

Chapter 5　ムービー・映画

## ▼ iTunes Storeで購入・レンタルした映画を見る

### 1 映画を表示する

● iTunes Storeで購入した映画は、iTunesの[ライブラリ]または[レンタル中]に納められています。iTunes Store画面の上部にあるボタンをクリックすると表示できます。図はレンタル中の映画を表示した状態です。

❶ [ライブラリ]をクリックすると購入した映画やMac内に保存した動画が表示されます

❷ [レンタル]をクリックするとレンタル中の映画が表示されます

### 2 映画を再生する

❸ 見たい映画をダブルクリックします

### 3 再生中に利用できる機能

● 再生中にできる主な操作を覚えておきましょう。ムービー上にポインタを合わせると、画面下のボタンが表示され、より多くの操作が行えます。

❹ 一時停止、早送り・巻き戻し用のボタンです

❺ フルスクリーン表示用のボタンです

## ▼ 他のアプリを使いながら小さな画面でムービーを見る

**1** ピクチャインピクチャ用ボタンをクリックする

● ピクチャインピクチャ機能を使うと、他のアプリの前面に配置される小さな画面で動画を見ることができます。動画を見ながら他のアプリを使うことのできる便利な機能です。ここではiTunes Storeでレンタルした映画を例に使い方を見てみましょう。

❶ 再生中の映画の画面上にポインタを合わせ、
❷ ピクチャインピクチャ用ボタンをクリックします

**2** 小さな画面でムービーが再生された

❸ 他のアプリの前面で映画が再生されます

---

### ポイント ピクチャインピクチャでの操作

ピクチャインピクチャの小さな画面上にポインタを合わせると、図のようにボタンが表示され、停止などの操作が可能です。

❶ クリックすると再生が停止されます
❷ クリックするとピクチャインピクチャが終了します
❸ クリックすると一時停止されます

Chapter 5 ムービー・映画

Chapter 5 アプリケーションを使ってみよう

# [Pages]
# Chapter 5 Pagesで文書を作成してみよう

「Pages」は、文書の作成に適した高機能ワープロソフトです。文字の書式変更はもちろん、写真や表、図形などを使った多彩なレイアウトの文書を簡単に作成できます。

## ▼ 新規文書を作成する

### 1 テンプレートを選択する

● 新規文書の作成時は、テンプレートを選択します。いちから作成するには[白紙]を選びます。デザイン済みのテンプレートを選び、文字や画像を入れ替えて利用してもOKです。

❶ （起動時も含む）文書作成時にテンプレートの選択画面が表示されたら、
❷ 利用したいテンプレートを選択して、
❸ [選択]ボタンをクリックします

### 2 用紙の設定をする

● 文書を作り始める前に用紙や余白のサイズを設定しておくと、印刷時に用紙からはみ出てしまったという失敗が避けられます。

❹ [書類]パネルをクリックして、

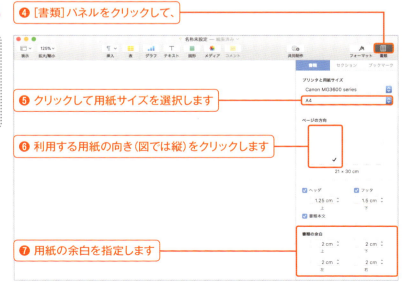

❺ クリックして用紙サイズを選択します
❻ 利用する用紙の向き（図では縦）をクリックします
❼ 用紙の余白を指定します

240

## 文字の見栄えを整える

### 1 文字の書式を変更する

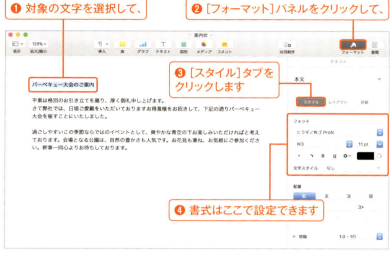

❶ 対象の文字を選択して、
❷ [フォーマット]パネルをクリックして、
❸ [スタイル]タブをクリックします
❹ 書式はここで設定できます

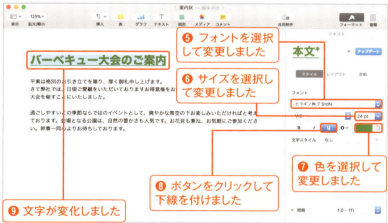

❺ フォントを選択して変更しました
❻ サイズを選択して変更しました
❼ 色を選択して変更しました
❽ ボタンをクリックして下線を付けました
❾ 文字が変化しました

> **ポイント**
> **行の間隔を変更するには**
> 対象の段落を選択して、図の[スタイル]画面下部にある[間隔]で間隔を選択すると、行間を変更できます。

### 2 文字を中央に配置する

❿ 段落内にカーソルを合わせて中央揃え用のボタンをクリックすると、
⓫ 文字が中央に移動します

> **ポイント**
> **文字を右寄せにするには**
> 文書の作成日や署名など、右側に寄せた方が見栄えがよいテキストもあります。文字を右側に寄せるには、❿のボタンの右側にある右揃え用のボタンをクリックします。

# 文書に写真やイラストを入れる

## 1 画像ファイルを挿入する

❶ [メディア]ボタンをクリックして、

❷ [写真]をクリックして、

❸ 写真をクリックします

**ポイント**
「写真」アプリ以外の写真を挿入するには
図の要領で選択できるのは、「写真」アプリに取り込んでいる画像のみです。その他の画像ファイルを挿入したいときは、画像ファイルを文書の上にドラッグすればOKです。

ここでアルバムなどを選ぶと表示する写真を絞り込めます

## 2 画像のサイズと位置を調節する

● サイズの変更時に辺の中央にあるハンドルをドラッグすると、画像の縦横比が変わってしまうので注意しましょう。

❹ 四隅にあるハンドル（いずれか）をドラッグしてサイズを調節します

❺ ドラッグで移動できます

❻ 画像の位置に応じて文字の配置が自動調節されます

## 3 画像の見栄えを整える

❼ 画像を選択して、

❽ [スタイル]タブで[イメージのスタイル]をクリックすると、

❾ 画像に枠線や影を設定できます

Chapter 5　アプリケーションを使ってみよう

242

## 文書に図形を入れる

### 1 図形を選択する

● 目を惹くためのアクセントや図解など、図形を使うことでより高度な文書が作成できます。

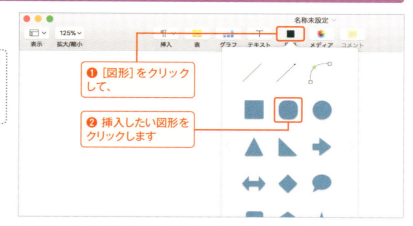

❶ [図形]をクリックして、

❷ 挿入したい図形をクリックします

### 2 図形の編集

❸ 挿入された図形を選択して、

❹ [スタイル]タブで[シェイプのスタイル]をクリックすると、スタイルを変更できます

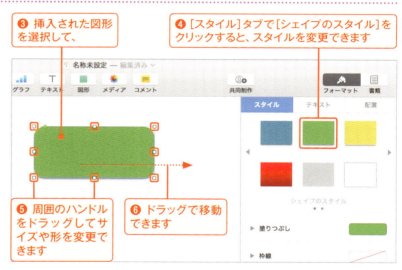

❺ 周囲のハンドルをドラッグしてサイズや形を変更できます

❻ ドラッグで移動できます

#### ポイント より細かに編集するには

[塗りつぶし]や[枠線]など、図の[スタイル]タブにある項目を変更すると、より自在に図形のデザインを調節できます。

#### ポイント 図形に文字を入力するには

挿入した図形をダブルクリックすると、文字を入力できます。文字を選択し、[テキスト]タブで書式の編集もできます。文書内のアクセントにしたり、本文と区別したコラムを入れたりするのに便利です。

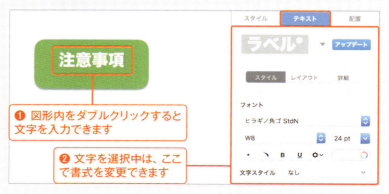

❶ 図形内をダブルクリックすると文字を入力できます

❷ 文字を選択中は、ここで書式を変更できます

# 文書に表を入れる

## 1 表のスタイルを選択する

❶ [表]をクリックして、

❷ 利用したい表のスタイルを選択します

## 2 表の大きさと配置を整える

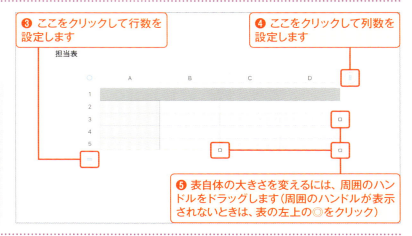

❸ ここをクリックして行数を設定します

❹ ここをクリックして列数を設定します

❺ 表自体の大きさを変えるには、周囲のハンドルをドラッグします（周囲のハンドルが表示されないときは、表の左上の◎をクリック）

### ポイント 表を移動するには

表を選択し、画面右側のパネルを[配置]にして、[テキストの折り返し]で[自動]（または[周辺]）を選択します。すると表の左上に表示されている◎をクリックして、ドラッグで移動できます。

## 3 表に文字を入力する

❻ 対象のセル（マス目）をクリックして、文字を入力します

### ポイント より細かな編集もできる

表の選択時に右側に表示される[表]タブでは表のスタイルや行と列のサイズなど、[セル]タブではセルの色や枠線など、[テキスト]タブでは文字の書式や配置などが変更できます。

### ポイント ビジネスに便利な表計算とプレゼン用アプリ

Dock上で「Pages」の右にある「Numbers」は、複雑な表計算や簡易データベースとしての利用もできます。さらにその隣の「Keynote」は、簡単な操作でプレゼンテーションが作成できます。どちらもビジネスシーンでの活用度が高い、人気のアプリケーションです。Macに慣れてきたらぜひ活用してみましょう。

# Chapter 6
# 他のアップル製品と一緒に使ってみよう

| | |
|---|---|
| 246 | iPhone・iPad・iPodに音楽を入れよう |
| 248 | iPhone・iPad・iPodとの間で写真をやりとりしよう |
| 250 | iPhone・iPad・iPodとの間でデータをやりとりしよう |
| 254 | iPhone・iPad・iPodのバックアップをとろう |
| 256 | iPhone・iPadとメッセージアプリで会話しよう |

## Chapter 6 [iPhone・iPad・iPodと音楽の同期]
# iPhone・iPad・iPodに音楽を入れよう

iPhone・iPad・iPodなどiOS機器に音楽を入れるには、iTunesアプリを使用します。曲と同時にプレイリストの情報も入るので、iPhoneやiPad上でもプレイリストごとに曲を選択できます。

## ▼ iPhone・iPad・iPodとの同期

### 1 iPhone・iPad・iPodを接続する

❶「iTunes」を起動し、iPhoneなどを接続します

❷ [続ける] ボタンをクリックします

❸ [開始] ボタンをクリックします

#### ポイント
**画面に指示が出たら**

MacにiPhoneなどを接続すると、iOS機器側に、接続したコンピュータを信頼するかどうかを確認するメッセージが表示されることがあります。また、端末ですでに音楽やアプリケーションをダウンロードしている場合は、認証するように求めるメッセージが表示されることがあります。いずれも、画面の指示に従って進めます。

### 2 iTunesの曲をすべて入れる

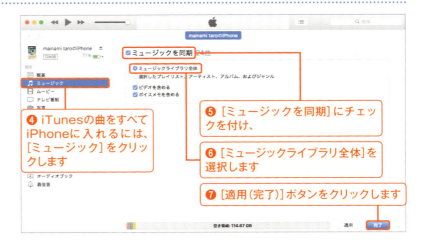

❹ iTunesの曲をすべてiPhoneに入れるには、[ミュージック] をクリックします

❺ [ミュージックを同期] にチェックを付け、

❻ [ミュージックライブラリ全体] を選択します

❼ [適用(完了)] ボタンをクリックします

## 3 同期が完了した

❽ 状態が表示されます

### ポイント
**このまま接続しておけば充電できる**

同期が完了したらiOS機器のケーブルを外して構いませんが、このまま接続しておけばMac経由で充電されます。

❾ 同期が完了したら、iOS機器にポインタを合わせると表示される取り出しのアイコンをクリックしてから、

❿ Macからケーブルを外します

## ▼ 音楽を選んで入れる

### 1 同期の設定を変更する

● 自動ですべての曲を同期するのではなく、好みの曲だけを入れることもできます。

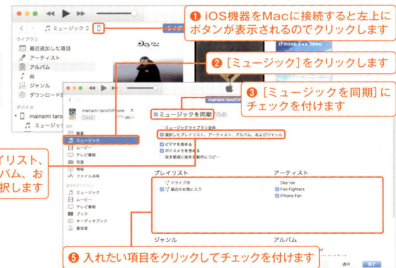

❶ iOS機器をMacに接続すると左上にボタンが表示されるのでクリックします

❷ [ミュージック]をクリックします

❸ [ミュージックを同期]にチェックを付けます

❹ [選択したプレイリスト、アーティスト、アルバム、およびジャンル]を選択します

❺ 入れたい項目をクリックしてチェックを付けます

### 2 ジャンルやアルバムを選ぶこともできる

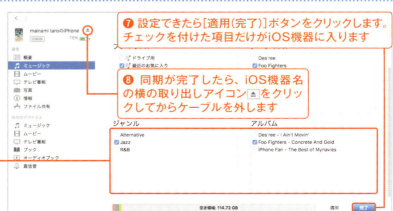

❼ 設定できたら[適用(完了)]ボタンをクリックします。チェックを付けた項目だけがiOS機器に入ります

❽ 同期が完了したら、iOS機器名の横の取り出しアイコンをクリックしてからケーブルを外します

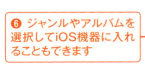

❻ ジャンルやアルバムを選択してiOS機器に入れることもできます

# Chapter 6

## ［iPhone・iPad・iPodと写真の同期］
# iPhone・iPad・iPodとの間で写真をやりとりしよう

iOS機器とMacで写真をやり取りすると、Mac内の写真をiPhoneに入れて持ち歩く、また反対にiPhoneで撮った写真をMacに保存などが簡単にできます。

### ▼ Macに保存されている写真をiPhone・iPad・iPod touchに入れる

#### 1 iOS機器を選択する

❶ iOS機器をMacに接続し、iTunesに表示されるボタンをクリックします

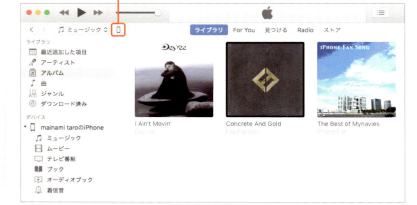

**ポイント**
**iCloudを使う方法も**
iPhoneの写真は、ここで紹介するようにケーブルでつなぐ方法の他に、iCloudで共有することもできます。

#### 2 写真アプリと同期する

❷ ［写真］をクリックします

❸ ［写真を同期］にチェックを付けます

❹ ここで［写真］を選択したら、

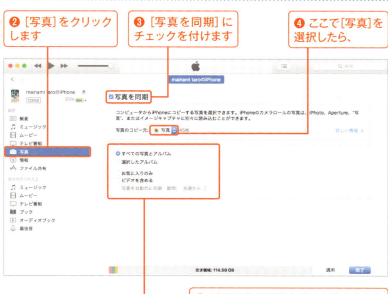

❺ どの写真を同期するかを設定します

## 3 特定のフォルダと同期する

❻ ポップアップメニューで[フォルダを選択]を選択して、

❼ 続いて表示される画面でフォルダを選ぶと、

❽ フォルダに集めた写真をiOS機器に入れられます

❾ 設定後、[適用]ボタンをクリックして同期します。同期した写真はiOS機器の「写真」アプリで見ることができます

### ポイント　iPhoneやiPadで撮った写真をMacに読み込むには

iPhoneなどで撮影した写真は、「写真」アプリを使ってMacに読み込むことができます。方法はP.224で紹介しています。またiCloudを介して写真を共有することもできます（P.097）。

iOS機器とMacを接続して「写真」アプリを起動すると、iOS機器で撮影した写真の読み込みが可能です

# Chapter 6

[ユニバーサルクリップボード]
## iPhone・iPad・iPodとの間でデータをやりとりしよう

macOS High Sierraでは、iPhoneやiPadとクリップボードが共有できる「ユニバーサルクリップボード」が利用できます。iPhoneでコピーしたテキストなどをMac上に簡単に貼り付けられます。

## ▼ ユニバーサルクリップボードを利用するための準備

### 1 同じApple IDでiCloudにサインインする

● ユニバーサルクリップボードでデータを共有したいMacとiPhoneは、同じApple IDでiCloudにログインする必要があります。

❶ MacでiCloudにサインインします。[システム環境設定]→[iCloud]の画面でサインインした状態にします（詳細はP.094）

❷ iPhoneでは[設定]→[iPhoneにサインイン]からMacと同じApple IDでサインインします

### ポイント ユニバーサルクリップボードに対応したMac・iOS機器は？

Macでユニバーサルクリップボードを利用するには、Bluetooth Low Energy（BLE）に対応した機種で（2012年中盤以降のモデル）、macOS Sierra以降がインストールされている必要があります。一方iPhoneやiPadなどのiOS機器は、iOS 10以降がインストールされていることが必要です。双方の機器が条件を満たしているか確認しておきましょう。

## 2 同じWi-Fiに接続する

● ユニバーサルクリップボードが利用できるのは、両方の機器が同じWi-Fiネットワークに接続しているときです。たとえば自宅と職場のように、機器同士が同じWi-Fiネットワーク内にないときはユニバーサルクリップボードは利用できませんので注意しましょう。

❸ MacをWi-Fiに接続します（詳細はP.112）

❹ iPhoneをWi-Fiに接続します。[設定]→[Wi-Fi]でWi-Fiをオンにします

## 3 Bluetoothをオンにする

● ユニバーサルクリップボードを利用するには、Bluetoothをオンにする必要があります。Bluetoothの機器を接続していない場合、オフにしている人も多い機能です。Mac、iPhoneそれぞれの設定を図の状態にしてオンにしましょう。

❺ MacのBluetoothをオンにします。[システム環境設定]→[Bluetooth]で[Bluetooth：オン]の状態にします

❻ iPhoneのBluetoothをオンにします。[設定]→[Bluetooth]でBluetoothをオンにします

## 4 Handoffをオンにする

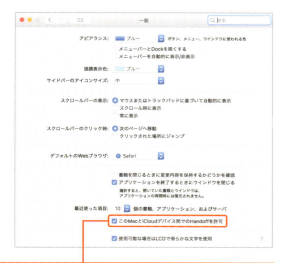

❼ MacのHandoffをオンにします。[システム環境設定]→[一般]で[このMacとiCloudデバイス間でのHandoffを許可]にチェックが付いた状態にします

❽ iPhoneのHandoffをオンにします。[設定]→[一般]→[Handoff]でHandoffをオンにします

## ▼ ユニバーサルクリップボードでデータをコピーする

### 1 Macでデータをコピーする

● ここでは例としてMacでコピーしたテキストをiPhoneのメモに貼り付けてみます。コピー・貼り付けは双方向で可能なので、iPhoneでコピーしたデータをMacに貼り付けることも同じようにできます。

**データの保持時間は2分**
ユニバーサルクリップボード機能で別の機器にデータをペーストできるのは、コピーから2分間です。それ以後は通常のクリップボードの機能に戻り、同一機器内でしかペーストできませんので注意しましょう。

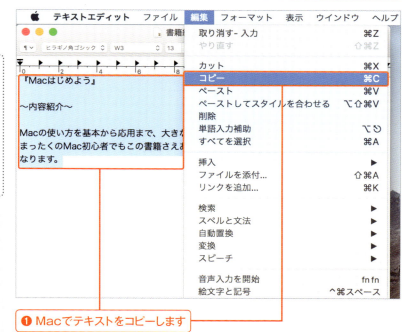

❶ Macでテキストをコピーします

252

## 2 iPhoneでペーストする

❷ iPhoneの「メモ」アプリで[ペースト]の操作をします

## 3 データが貼り付けられた

❸ Macでコピーしたデータが iPhoneに貼り付けられました

Chapter 6 ユニバーサルクリップボード

### ポイント ファイル単位でやり取りしたい場合

MacとiPhoneやiPadでファイル自体をやり取りしたい場合に適した方法も覚えておきましょう。MacとiOSの機器が近くにある場合なら、「AirDrop」機能が便利です（P.194）。一方自宅と職場のように離れた場所にある機器の場合、iCloudを介して共有することができます（P.098）。またメールに添付して送るのも手軽なデータ共有方法のひとつです（P.142）。

AirDropを使えば、MacとiPhoneでファイルを簡単にやり取りできます

253

# Chapter 6

## ［iPhone・iPad・iPodのバックアップ］
# iPhone・iPad・iPodの バックアップをとろう

iTunesを使って、iPhoneなどのiOS機器のデータや設定のバックアップをMacに保存しておくことができます。万一、データが失われたときなどにバックアップから復元できます。

### ▼ バックアップを作成する

#### 1 バックアップ先を確認する

❶ iOS機器をMacに接続し、左上に機器のボタン（P.248）が表示されたらクリックします

❷ ［概要］をクリックします

**ポイント**
**iCloudのバックアップ機能もある**
iOSデバイスのバックアップは、インターネット上のiCloudに作成することもできます。バックアップはMac上かiCloudか、どちらか一方を選択して作成します。

❸ ［バックアップ］の欄で［このコンピュータ］を選択します

#### 2 暗号化の設定をする

❹ 暗号化するには、［(iPhone名)のバックアップを暗号化］にチェックを付けます

❺ パスワードを設定するダイアログが開きます。同じパスワードを2回入力し、

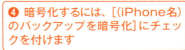

**ポイント**
**暗号化しない場合**
ここにチェックを付けない場合は、バックアップから復元した後、iOS機器上でさまざまなパスワードを入力しなおさなくてはならないことがあります。

❻ ［パスワードを設定］ボタンをクリックすると、バックアップが始まります

他のアップル製品と一緒に使ってみよう

### 3 バックアップをとる

❼ 今後、iOS機器を接続して同期すると、自動でバックアップが作成されます

❽ 手動でバックアップするには、[今すぐバックアップ]ボタンをクリックします

## ▼ バックアップから復元する

### 1 iOS機器を接続して復元を始める

● 設定の不具合が生じたりデータが失われたりしたときに、バックアップした時点の状態に戻すことができます。

**ポイント**
**[iPhoneを探す]をオフにする**

iOS機器で[iPhone（iPad、iPod touch）を探す]がオンになっていると、復元する前にオフにする必要があるというメッセージが表示されます。iOS機器上でオフにしてから復元をやり直します。

❶ iOS機器をMacに接続し、左上にボタンが表示されたらクリックします

❷ [概要]をクリックします

❸ [バックアップを復元]ボタンをクリックします

### 2 復元に使うデータを選ぶ

❹ ポップアップメニューから復元に使用するバックアップを選択します

❺ [復元]ボタンをクリックします

❻ 復元が始まるので、しばらく待ちます。iOS機器のさまざまな設定や、連絡先、カレンダー、メモなどのデータも復元されます

# Chapter 6
## ［メッセージ］
## iPhone・iPadとメッセージアプリで会話しよう

「メッセージ」アプリを使うと、iMessageを使っているMac、iPhone、iPad、iPod touchと文字での会話が可能になります。ここではその使い方を見てみましょう。

### 1 メッセージアプリを起動する

◉ MacからiMessageを利用するには、Apple IDが必要です。メッセージアプリの起動時にサインインを求められたときはサインインしましょう。iCloudなどに既にApple IDでログインしている場合は、その設定が使用されます。

❶ Dockの[メッセージ]をクリックします

### 2 新規メッセージを作成する

◉ はじめてやり取りする相手の場合、図の要領で[新規メッセージ]を作成します。すでにやり取りした相手であれば、画面左側の一覧で選ぶだけでOKです。

❷ ここをクリックすると、　❸ 新規メッセージが作成されます

## 3 宛先を指定する

● 連絡先アプリに登録している相手であれば、名前の一部などを入力すると図のように候補が表示されます。登録していない相手のときは、iPhoneの電話番号やメールアドレスを入力しても送信できます。

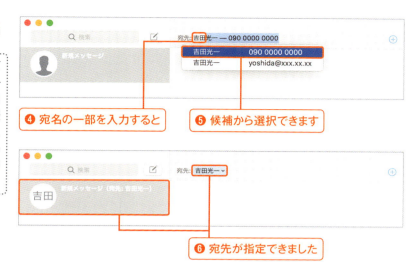

❹ 宛名の一部を入力すると
❺ 候補から選択できます
❻ 宛先が指定できました

## 4 メッセージを送信する

❼ メッセージを入力して、
❽ returnキーを押すと、
❾ 送信されてここに表示されます

## 5 メッセージを受信する

❿ 相手からのメッセージはこのように表示され、文字で会話が楽しめます

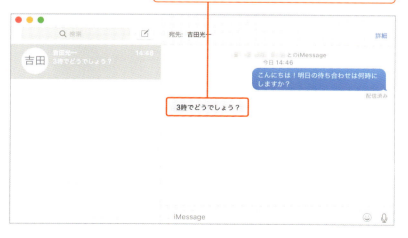

**ポイント**
**絵文字を入力するには**
メッセージ入力欄横にある絵文字のマークをクリックすると、絵文字を選択・入力できます。

257

## ポイント 気持ちをすばやく伝えるTapbackを使う

メッセージにTapbackを追加すると、メッセージの相手にも同じように表示され、簡単に気持ちを伝えるのに役立ちます。なお、Tapbackが表示されるのは、macOS Sierra以降かiOS 10以降でiMessageを使っている場合のみです。その他の相手には、「いいね」などの文字がメッセージに続けて表示されます。

❶ 対象のメッセージを数秒間クリックし続ける、または control キーを押しながらクリックして[Tapback]を選択して、

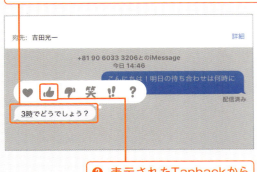

❷ 表示されたTapbackから使いたいマークをクリックします

❸ メッセージにTapbackが追加できました

## ポイント 音声の通話もMacでできる

MacとiPhoneが同じWi-Fiに接続していて、同じApple IDでiCloudにサインインしていると、iPhoneを介してMacで電話ができます。たとえば着信の場合、図のような通知が表示され、Macで電話を受けることができます。カバンの中にあるiPhoneを出す、少し離れた机に置いてあるiPhoneを取りに行くといった手間を省いて通話ができます。

❶ iPhoneへの着信を知らせる通知が表示されたら、ここをクリックします

❷ Macで通話ができます

❸ クリックすると通話を終了できます

# Chapter 7

# トラブル対策と解決方法

260 　　Time Machineでバックアップをとろう
264 　　Macのトラブルを解決しよう
266 　　Macが起動しない・・・そんな場合には

Chapter 7 トラブル対策と解決方法

# Chapter 7 [Time Machine]
# Time Machineでバックアップをとろう

トラブルに備えてデータをバックアップする…通常は手間のかかるこの作業を自動的に行ってくれる「Time Machine（タイムマシン）」という機能を使ってみましょう。

## ▼ Time Machineの概要

### 1 Time Machineについて理解する

● Time Machineとは Mac内のすべてのデータをバックアップしてくれる機能です。外部ハードディスクが必要となりますが、作成した書類、写真や音楽、ムービーなどのデータ類はもちろん、アプリケーションやアカウント、設定、さらにはシステム関連のファイルに至るまで時系列に沿ってバックアップできます。

### 2 Time Machineに必要なもの

● Time Machineを利用るには、データのバックアップ先となる外付けのハードディスクが必要です。家電店などで手に入るため用意しておきましょう。

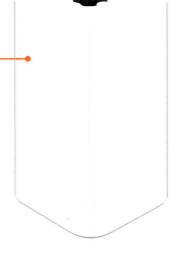

Time Capsule（アップル）という機器を使えばWi-Fiを使ってワイヤレスでバックアップすることもできます

#### ポイント
#### ハードディスクに必要な容量は？

Time Machineでは、ユーザが作成したデータだけでなく、システムやアプリケーションなどを丸ごとバックアップします。ハードディスクがいっぱいになると古いバックアップデータから消えてしまいます。最近では1〜2TBの外付けハードディスクもお手軽な価格帯になってきたので、1TB程度の容量はほしいところです。

## ▼ Time Machineでバックアップを作成する

### 1 ハードディスクをつなげる

● 外付けのハードディスクをMacにつなげたら「システム環境設定」にある[Time Machine]を開きます。

❶ [バックアップディスクを選択]ボタンをクリックし、

#### ポイント
**ハードディスク接続時のメッセージ**

外付けハードディスクをMacに接続した際に「Time Machineでバックアップを作成するために○○を使用しますか？」と聞かれる場合があります。そのときは[バックアップとして使用]ボタンをクリックしましょう。

❷ バックアップ用のハードディスクを選択します

❸ [ディスクを使用]ボタンをクリックします

### 2 オプションを指定する

❹ [オプション]ボタンをクリックすると、バックアップをとらないファイルやフォルダの指定などが行えます（P.262参照）

❺ チェックを付けます

### 3 バックアップ状況を確認する

❻ バックアップが開始されます。バックアップ中もMacは利用できます

❼ メニューバーのTime Machineアイコンをクリックすると、

#### ポイント
**初回バックアップは時間がかかる**

初回のバックアップは時間がかかりますが、2回目以降は変更した部分だけがバックアップされます。

❽ 前回のバックアップした時刻がわかります

261

Chapter 7 トラブル対策と解決方法

## ▼ Time Machineを運用する

### 1 Time Machineのバックアップ間隔

● Time Machineでは基本的に過去24時間については1時間ごと、過去1カ月に関しては1日ごと、さらにハードディスクの容量によっては週ごとのバックアップデータを保存します。またバックアップ中にMacを終了しても、後で続きを行ってくれます。

### 2 ハードディスクをはずしていると…

● もし外付けハードディスクをはずした状態でバックアップが始まると、図のような警告が出ます。ただし、次に接続した時にしっかりバックアップしてくれます。

### ポイント バックアップ不要なデータはここで指定

「システム環境設定」の[Time Machine]の[オプション]ボタンクリックすると表示される画面で、バックアップを取る必要のないファイルやフォルダ、ディスクの指定と、古いデータを削除する際に、警告が必要かどうかを設定できます。

## Time Machineからほしいデータだけを復元する

### 1 ファイルをフォルダから探す

● ここでは誤って消してしまったファイルを復元してみましょう。消したファイルがあったフォルダを開きます。

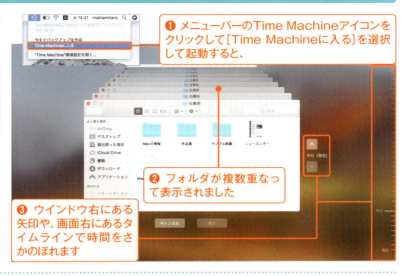

❶ メニューバーのTime MachineアイコンをクリックしてTime Machineに入る]を選択して起動すると、

❷ フォルダが複数重なって表示されました

❸ ウインドウ右にある矢印や、画面右にあるタイムラインで時間をさかのぼれます

### 2 ファイルを復元する

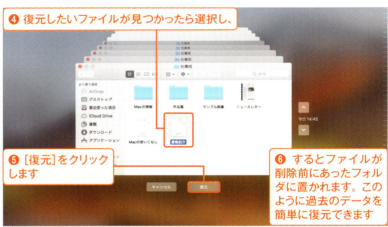

❹ 復元したいファイルが見つかったら選択し、

❺ [復元]をクリックします

❻ するとファイルが削除前にあったフォルダに置かれます。このように過去のデータを簡単に復元できます

**ポイント すべてを復元するには**

特定のフォルダではなく、Macのすべてを過去の状態に戻したいときは、データの復元を利用します。方法はP.269を参照してください。

**ポイント 好きなタイミングでバックアップをとるには**

OSをアップデートする、新しいアプリをインストールするなどの変更をMacに加える場合、その前の時点でバックアップをとっておくと、万が一トラブルが起こっても復元できます。好きなタイミングでバックアップをしたいときは、メニューバーの[TimeMachine]アイコンをクリックして、[今すぐバックアップを作成]を選択しましょう。

[今すぐバックアップを作成]を選択すると、すぐにバックアップをとることができます

[トラブル解決]

# Chapter 7 Macのトラブルを解決しよう

Macを使っているとトラブルに遭遇することがあります。たいていはシステムを再起動すれば解決できますが、場合によっては対処が必要です。代表的なトラブル解消法を紹介しましょう。

## ▼ トラブル1　アプリケーションが応答しなくなった

### 1 [アプリケーションの強制終了]ウインドウを表示する

● 特定のアプリケーションが操作不能になった場合に終了する方法を見てみましょう。

❶ アップルメニューから[強制終了]を選択するか、

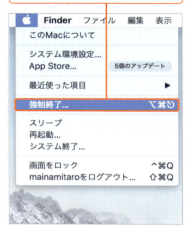

❷ option + ⌘ + esc の3つのキーを同時に押すと、[アプリケーションの強制終了]ウインドウが表示されるので、終了したいアプリケーションを選択し、

❸ [強制終了]ボタンをクリックします

### 2 アプリケーションを強制終了する

❹ 確認のダイアログが表示されるので[強制終了]ボタンをクリックします。これでアプリケーションが終了してFinderに戻ります

264

## ▼ トラブル2　動作が重いなど気になることがある

### 1 Macを再起動する

● Macの動きが遅すぎるなど動作が不安定なときは、一度再起動してみましょう。なお、起動自体に問題があるときの対処は、次ページ以降を参照してください。

| 【1】メニューが操作できる状態 | 動きが不安定ながらメニューが操作できる状態のときは、アップルメニューから［再起動］を選択して再起動してみましょう。これで解決できる場合も多くあります |
| --- | --- |
| 【2】強制再起動が必要な場合 | Macが動かないなど、【1】の方法が使えないときはMacを強制再起動させます。方法はP.267を参照してください |
| 【3】再起動しても動作が不安定な場合 | 再起動をしてもすぐに調子が悪くなるなど、ハードディスクの調子が悪いときは、下記のディスクの修復を試してみましょう |

## ▼ トラブル3　Macの調子が悪い

### 1 ディスクユーティリティを使用する

● システムが不安定な場合はディスク（Macの記憶装置）にトラブルが生じている可能性があります。この場合はディスクの修復を行わなければなりません。

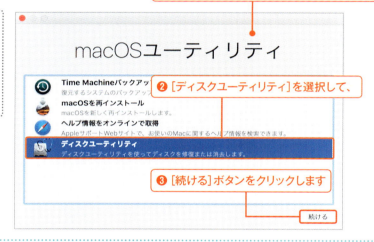

❶ ⌘キーとRキーを押したままMacを起動すると［OS Xユーティリティ］が起ち上がります

❷ ［ディスクユーティリティ］を選択して、

❸ ［続ける］ボタンをクリックします

### 2 ディスクの修復を行う

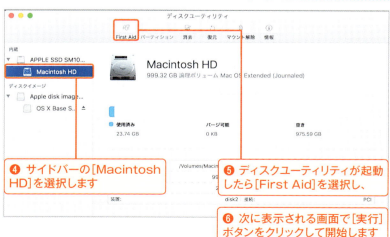

❹ サイドバーの［Macintosh HD］を選択します

❺ ディスクユーティリティが起動したら［First Aid］を選択し、

❻ 次に表示される画面で［実行］ボタンをクリックして開始します

Chapter 7　トラブル対策と解決方法

## ［起動不可］
# Macが起動しない・・・そんな場合には

Macのパワーボタンを押してもディスプレイに何も表示されなかったり、起動中に停止してしまう場合は、ハードウェアやOSのトラブルが考えられます。対処法を紹介しましょう。

## ▼ 電源まわりを確認する（MacBook）

### 1 バッテリーをチェックする

MacBookの場合、単純にバッテリが空の状態になっていて起動しない場合もあります。電源アダプタを接続してバッテリーを十分に充電してから、起動するか確認してください。

### ポイント　どうしても起動しない＆動きがおかしい場合には

Macがどうやっても起動しない、動きがおかしいなどの場合には慌てずにアップルのサポートサービスを利用しましょう。電話やチャット、メールでサポートを受けることができます。本体の修理が必要になった場合には、最寄りの店舗に直接持ち込んだり、郵送でも対応してくれます。他のパソコンやiPhoneなどから下のサイトにアクセスしてみましょう。

アップル製品のサポートサイト
https://support.apple.com/ja-jp

266

## ▼ 正常に起動できるか確認する際のポイント

### 1 Macだけで起動する

Macに外付けのキーボードやマウス、プリンタ、ハードディスク、USBハブなどの周辺機器が接続してあったら、全部外して起動してみましょう。正常に起動したら、外した周辺機器のどれかが原因です。

**ポイント**
**トラブルの原因を特定する**

外した周辺機器を1つずつ接続して起動を繰り返せば、トラブルが再現した直前につないだ周辺機器が原因として特定できます。

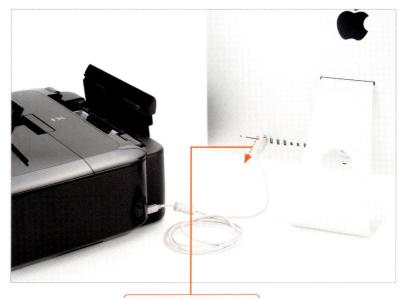

USBケーブルを外します

---

### 2 Macを強制再起動する

Macの起動中に停止してしまい、反応しなくなったら、Macを強制的に再起動してみましょう。controlキーと⌘キーおよびパワーボタンを同時に3秒ほど押し続けると、起動音が鳴って、Macが再起動するはずです。この強制再起動も受け付けない場合は、パワーボタンを長押ししたままにすると強制的に電源をオフできます。毎回、起動中に停止してしまうようなら恒常的なトラブルが発生している可能性があります。次ページ以降の確認事項も実行してみてください。

同時に押し続けて強制再起動します

長押しして強制シャットダウンできます

controlキー＋⌘キーとパワーボタンを同時に押します

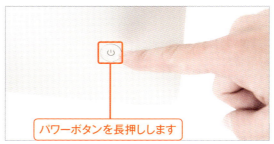

パワーボタンを長押しします

## さまざまなハードウェア設定をリセットする

### 1 NVRAMまたはPRAMをリセットしてみる

Macでは、キーボード、マウス、トラックパッド、起動ディスク、ディスプレイなどに関する設定内容をNVRAM（古いMacではPRAM）というエリアに保持しています。何らかの原因でこの内容が壊れてしまうと、起動できなかったり、起動途中で停止してしまうことがあります。NVRAM（またはPRAM）の内容は強制的にクリアできるので、トラブル発生時にはリセットしてみましょう。NVRAM（またはPRAM）をリセットするには、optionキーと⌘キーおよびPキーとRキーを押したままパワーボタンを押して起動します。起動音が鳴ってもそのままキーを20秒ほど押さえておいて、もう1度起動音が鳴ったらキーを離しましょう。

同時に押して起動するとNVRAMまたはPRAMをリセットできます

### 2 パワーマネージャをリセットしてみる（MacBook）

MacBookの電源オンオフやスリープ、スリープからの復帰をコントロールしているのが、パワーマネージャです。このパワーマネージャに問題が生じると、電源が入らない、スリープできない、スリープから復帰できないなどの症状が発生します。こんな時は、パワーマネージャをリセットしてみましょう。手順は、MacBookに電源アダプタをつなげて、shiftキー＋controlキー＋optionキー＋パワーボタンを同時に5秒以上、押したままにします。これでパワーマネージャがリセットできます。

同時に押したままにするとパワーマネージャをリセットできます

### 3 SMCをリセットしてみる（iMac）

iMacの電源オンオフやスリープ、スリープからの復帰をコントロールしているのが、SMC（システム管理コントローラ）です。このパワーマネージャに問題が生じると、電源が入らない、スリープできない、スリープから復帰しないなどの症状が発生します。SMCをリセットするには、電源コードを抜いて15秒間待ったら、再び電源コードを接続します。

電源コードを外して15秒待ちます

## ▼ Time Machineからデータを復元する

### 1 バックアップから復元する

Time Machine（P.260参照）を使っているなら、そのバックアップを利用してシステムはもちろん、データに至るまですべてを復活させられます。

**ポイント**

**macOSユーティリティを起動するには**

macOSユーティリティを表示するには⌘＋Rキーを押しながらパワーボタンを押してMacを起動します。

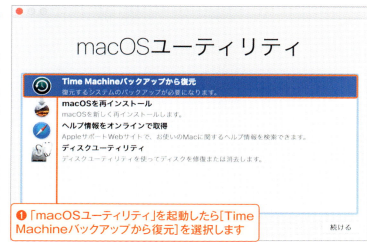

❶ 「macOSユーティリティ」を起動したら[Time Machineバックアップから復元]を選択します

### 2 ハードディスクを指定する

❷ バックアップデータが保存されたハードディスクを選択します

### 3 戻したい日時を指定する

❸ いつ作成したバックアップを復元するかを選択し、復元作業を行いましょう

# INDEX
## 索引

### 【記号・数・英】

| | |
|---|---|
| ⌘キー | 039 |
| 2ファクタ認証 | 020 |
| AirDrop | 194 |
| App Store | 202 |
| Apple ID | 016,022,094 |
| Control Strip | 037 |
| Cover Flow表示 | 051 |
| Dashboard | 164 |
| Dock | 042,060 |
| Exposé | 161 |
| FaceTime | 010,011,217 |
| FileVault | 019,193 |
| Finder表示方法 | 050 |
| Finderウィンドウ | 045 |
| Font Book | 090 |
| Gmail | 150 |
| Google | 129 |
| iCloud | 022,094,121,211 |
| iCloud Drive | 019,023,079 |
| iCloud.com | 099 |
| iCloudキーチェーン | 017 |
| iMac | 011 |
| iPhone | 246 |
| iTunes | 130,230,246 |
| Launchpad | 040,168 |
| Live Photos | 229 |
| MacBook | 010 |
| MacBook Air | 010 |
| MacBook Pro | 010 |
| Magic Mouse 2 | 032 |
| MagSafe | 011 |
| Misson Control | 040,158 |
| Pages | 240 |
| PDF | 199,220 |
| PowerNap | 184 |
| QuickTime Player | 236 |
| Retinaディスプレイ | 010 |
| Safari | 114 |
| SDXCカードスロット | 011 |
| Siri | 018,156 |
| Split View | 136 |
| Spotlight | 072 |
| tabキー | 039 |
| Tapback | 258 |
| Thunderbolt 2 | 011 |
| Thunderbolt 3 | 010,011 |
| Time Machine | 015,260,269 |

| | |
|---|---|
| Touch Bar | 010,036,038,152 |
| Touch ID | 037 |
| USB 3 | 011 |
| USB-C | 010 |
| Webサイト | 114 |
| Wi-Fi | 014,112 |

### 【あ～か行】

| | |
|---|---|
| アイコン表示 | 050 |
| アクションボタン | 056 |
| アップデート | 190,206 |
| アップルメニュー | 042,059 |
| アドレスバー | 128 |
| アプリケーション | 047,202 |
| アプリケーションの起動と終了 | 066 |
| 移行アシスタント | 015 |
| 位置情報サービス | 018 |
| 印刷 | 198 |
| インターネット接続 | 110 |
| 英字 | 082 |
| 英数キー | 039 |
| エクスプレス設定 | 017 |
| 音声入力 | 092 |
| 音量キー | 040 |
| お気に入りバー | 122 |
| 解析 | 018 |
| 拡大・縮小 | 030 |
| 拡張音声入力 | 092 |
| カタカナ | 082 |
| かなキー | 039 |
| 壁紙 | 170 |
| カラム表示 | 051 |
| カレンダー | 208 |
| 感圧タッチトラックパッド | 010 |
| 管理者ユーザ | 187 |
| キーボード入力 | 014 |
| ギガビットEthernet | 011 |
| 起動 | 012,024 |
| 起動中のアプリケーション | 060 |
| 吸気口&ステレオスピーカー | 011 |
| 共有ボタン | 056 |
| クイックルック | 080 |
| クリック | 027,032 |
| 検索ボックス | 056,075 |
| 項目の並び順序ボタン | 056 |
| コピー&ペースト　ファイル | 101 |
| コピー&ペースト　文字 | 089 |
| ゴミ箱 | 106 |
| コンピュータアカウント | 017,021 |

## 【さ行】

| | |
|---|---|
| 最近使った項目 | 044,077 |
| サイドバー | 044,054,105,118 |
| サムネイル | 117 |
| 辞書表示 | 074 |
| システム | 047 |
| システムコントロールボタン | 037 |
| しまうボタン | 044 |
| 指紋認証 | 037 |
| 写真 | 224,248 |
| 終了 | 069 |
| 消音キー | 040 |
| 書体 | 090 |
| 署名 | 148 |
| 書類の保存 | 055,067 |
| 新規フォルダ | 100 |
| スクロール | 030,035 |
| スクロールバー | 044 |
| スタック | 060,064 |
| スタンバイモード | 025 |
| スマートフォルダ | 174 |
| スマートメールボックス | 146 |
| スリープ | 025,167 |
| スレッド表示 | 139 |
| スワイプ | 031,035 |
| セキュリティ | 192 |
| セットアップ | 012 |
| ソフトウェア・アップデート | 020 |

## 【た〜は行】

| | |
|---|---|
| タイトルバー | 044 |
| ダウンロード | 130 |
| タグ | 104 |
| タグボタン | 056 |
| タッチバー | 036,152 |
| タブ | 048 |
| タブブラウズ | 116 |
| ダブルクリック | 028,033 |
| 通知センター | 052 |
| ツールバー | 044,056,126 |
| ディスプレイ | 011 |
| データの転送 | 015 |
| デュアルマイク | 011 |
| 電源オン・オフ | 024 |
| 動画 | 236 |
| トークン | 075 |
| どこでもMy Mac | 098 |
| 閉じる | 044,069 |
| ドラッグ | 028,034 |
| ドラッグ&ドロップ | 077 |
| トラックパッド | 026,178 |
| 取り出し | 108 |
| 入力支援 | 128 |
| 入力方法 | 084 |
| 入力メニュー | 042 |

| | |
|---|---|
| ネットワーク | 110 |
| バックアップ | 254 |
| バッテリー | 184 |
| パワーボタン | 010,039 |
| ピクチャインピクチャ | 239 |
| ひらがな | 082 |
| ファイル添付 | 142 |
| ファイルの解凍・圧縮 | 131 |
| ファイルを探す | 072 |
| ファイルを開く | 076 |
| ファストユーザスイッチ | 189 |
| ファンクションキー | 010 |
| フォルダを開く | 046 |
| フォントサイズ | 090 |
| 複数の選択 | 103 |
| ブックマーク | 118 |
| フラグ | 144 |
| フルサイズバックライトキーボード | 010 |
| フルスクリーンアプリケーション | 031,070 |
| フルスクリーンボタン | 044 |
| プレス | 029,035 |
| プレビュー表示 | 051,218 |
| プログレスバー | 102 |
| ペアレンタルコントロール | 200 |
| 別ウィンドウ | 049 |
| ヘッドフォンポート | 010,011 |
| 変換候補 | 087 |
| ポインタ | 042 |
| ホームフォルダ | 055 |
| 保存 | 078 |
| ホットコーナー | 166 |

## 【ま〜ら行】

| | |
|---|---|
| マウス | 032 |
| マルチユーザ | 186 |
| 迷惑メール | 149 |
| メール | 132 |
| メッセージ | 256 |
| メディア・イジェクト・キー | 039 |
| メニューエクストラ | 058 |
| メニューバー | 042,058,068 |
| メモ | 212 |
| 文字の修正 | 088 |
| 戻る／進むボタン | 056 |
| 矢印キー | 039 |
| ユーザ | 047 |
| ユニバーサルクリップボード | 250 |
| ライブラリ | 047 |
| リスト表示 | 050 |
| リマインダー | 212 |
| 履歴 | 124 |
| リンク | 117 |
| 連絡先 | 214 |
| ローマ字入力 | 083 |
| ログイン | 188 |

## ●お問い合わせについて

本書の内容に関する質問は、下記のメールアドレスまたはファクス番号まで
書名と質問箇所を明記のうえ、書面にてお送りください。
電話によるご質問にはお答えできません。
また、本書の内容以外についてのご質問についてもお答えできませんので、あらかじめご了承ください。

**メールアドレス: pc-books@mynavi.jp**
**ファクス:03-3556-2742**

# Mac はじめよう
## macOS High Sierra 対応版

|  | 2017年11月25日　初版第1刷発行 |
|---|---|
| ●著者 | Macビギナーズ研究会 |
| ●発行者 | 滝口直樹 |
| ●発行所 | 株式会社 マイナビ出版 |
|  | 〒101-0003　東京都千代田区一ツ橋2-6-3　一ツ橋ビル 2F |
|  | TEL: 0480-38-6872（注文専用ダイヤル）　TEL: 03-3556-2731（販売） |
|  | TEL: 03-3556-2736（編集部） |
|  | URL: http://book.mynavi.jp/ |
|  |  |
| ●装丁デザイン | 納谷祐史 |
| ●DTP | 富宗治 |
| ●印刷・製本 | 図書印刷 株式会社 |

©2017 Mac Beginners Teams, Printed in Japan.
ISBN 978-4-8399-6502-0

- 定価はカバーに記載してあります。
- 乱丁・落丁についてのお問い合わせは、TEL：0480-38-6872（注文専用ダイヤル）、電子メール：sas@mynavi.jp までお願いいたします。
- 本書は著作権法上の保護を受けています。本書の一部あるいは全部について、著者、発行者の許諾を得ずに無断で複写、複製することは禁じられています。
- 本書中に登場する会社名や商品名は一般に各社の商標または登録商標です。